Lecture Notes in Mathematics

Vols. 1-216 are also available. For further information, please contact your book-seller or Springer-Verlag.

Vol. 217: T. J. Jech, Lectures in Set Theory with Particular Emphasis on the Method of Forcing. V, 137 pages. 1971. DM 16,-

Vol. 218: C. P. Schnorr, Zufälligkeit und Wahrscheinlichkeit. IV, 212 Seiten. 1971. DM 20,-

Vol. 219: N. L. Alling and N. Greenleaf, Foundations of the Theory of Klein Surfaces. IX, 117 pages. 1971. DM 16,-

Vol. 220: W. A. Coppel, Disconjugacy. V, 148 pages. 1971. DM 16,-

Vol. 221: P. Gabriel und F. Ulmer, Lokal präsentierbare Kategorien. V, 200 Seiten. 1971. DM 18,-

Vol. 222: C. Meghea, Compactification des Espaces Harmoniques. III, 108 pages. 1971. DM 16,-

Vol. 223: U. Felgner, Models of ZF-Set Theory. VI, 173 pages. 1971. DM 16,-

Vol. 224: Revètements Etales et Groupe Fondamental. (SGA 1). Dirigé par A. Grothendieck XXII, 447 pages. 1971. DM 30,-

Vol. 225: Théorie des Intersections et Théorème de Riemann-Roch. (SGA 6). Dirigé par P. Berthelot, A. Grothendieck et L. Illusie. XII, 700 pages. 1971. DM 40,-

Vol. 226: Seminar on Potential Theory, II. Edited by H. Bauer. IV, 170 pages. 1971. DM 18,-

Vol. 227: H. L. Montgomery, Topics in Multiplicative Number Theory. IX, 178 pages. 1971. DM 18,-

Vol. 228: Conference on Applications of Numerical Analysis. Edited by J. Ll. Morris. X, 358 pages. 1971. DM 26,-

Vol. 229: J. Väisälä, Lectures on n-Dimensional Quasiconformal Mappings. XIV, 144 pages. 1971. DM 16,-

Vol. 230: L. Waelbroeck, Topological Vector Spaces and Algebras. VII, 158 pages. 1971. DM 16,-

Vol. 231: H. Reiter, L^1-Algebras and Segal Algebras. XI, 113 pages. 1971. DM 16,-

Vol. 232: T. H. Ganelius, Tauberian Remainder Theorems. VI, 75 pages. 1971. DM 16,-

Vol. 233: C. P. Tsokos and W. J. Padgett. Random Integral Equations with Applications to stochastic Systems. VII, 174 pages. 1971. DM 18,-

Vol. 234: A. Andreotti and W. Stoll. Analytic and Algebraic Dependence of Meromorphic Functions. III, 390 pages. 1971. DM 26,-

Vol. 235: Global Differentiable Dynamics. Edited by O. Hájek, A. J. Lohwater, and R. McCann. X, 140 pages. 1971. DM 16,-

Vol. 236: M. Barr, P. A. Grillet, and D. H. van Osdol. Exact Categories and Categories of Sheaves. VII, 239 pages. 1971. DM 20,-

Vol. 237: B. Stenström, Rings and Modules of Quotients. VII, 136 pages. 1971. DM 16,-

Vol. 238: Der kanonische Modul eines Cohen-Macaulay-Rings. Herausgegeben von Jürgen Herzog und Ernst Kunz. VI, 103 Seiten. 1971. DM 16,-

Vol. 239: L. Illusie, Complexe Cotangent et Déformations I. XV, 355 pages. 1971. DM 26,-

Vol. 240: A. Kerber, Representations of Permutation Groups I. VII, 192 pages. 1971. DM 18,-

Vol. 241: S. Kaneyuki, Homogeneous Bounded Domains and Siegel Domains. V, 89 pages. 1971. DM 16,-

Vol. 242: R. R. Coifman et G. Weiss, Analyse Harmonique Non-Commutative sur Certains Espaces. V, 160 pages. 1971. DM 16,-

Vol. 243: Japan-United States Seminar on Ordinary Differential and Functional Equations. Edited by M. Urabe. VIII, 332 pages. 1971. DM 26,-

Vol. 244: Séminaire Bourbaki - vol. 1970/71. Exposés 382-399. IV, 356 pages. 1971. DM 26,-

Vol. 245: D. E. Cohen, Groups of Cohomological Dimension One. V, 99 pages. 1972. DM 16,-

Vol. 246: Lectures on Rings and Modules. Tulane University Ring and Operator Theory Year, 1970-1971. Volume I. X, 661 pages. 1972. DM 40,-

Vol. 247: Lectures on Operator Algebras. Tulane University Ring and Operator Theory Year, 1970-1971. Volume II. XI, 786 pages. 1972. DM 40,-

Vol. 248: Lectures on the Applications of Sheaves to Ring Theory. Tulane University Ring and Operator Theory Year, 1970-1971. Volume III. VIII, 315 pages. 1971. DM 26,-

Vol. 249: Symposium on Algebraic Topology. Edited by P. J. Hilton. VII, 111 pages. 1971. DM 16,-

Vol. 250: B. Jónsson, Topics in Universal Algebra. VI, 220 pages. 1972. DM 20,-

Vol. 251: The Theory of Arithmetic Functions. Edited by A. A. Gioia and D. L. Goldsmith VI, 287 pages. 1972. DM 24,-

Vol. 252: D. A. Stone, Stratified Polyhedra. IX, 193 pages. 1972. DM 18,-

Vol. 253: V. Komkov, Optimal Control Theory for the Damping of Vibrations of Simple Elastic Systems. V, 240 pages. 1972. DM 20,-

Vol. 254: C. U. Jensen, Les Foncteurs Dérivés de $\varprojlim$ et leurs Applications en Théorie des Modules. V, 103 pages. 1972. DM 16,-

Vol. 255: Conference in Mathematical Logic - London '70. Edited by W. Hodges. VIII, 351 pages. 1972. DM 26,-

Vol. 256: C. A. Berenstein and M. A. Dostal, Analytically Uniform Spaces and their Applications to Convolution Equations. VII, 130 pages. 1972. DM 16,-

Vol. 257: R. B. Holmes, A Course on Optimization and Best Approximation. VIII, 233 pages. 1972. DM 20,-

Vol. 258: Séminaire de Probabilités VI. Edited by P. A. Meyer. VI, 253 pages. 1972. DM 22,-

Vol. 259: N. Moulis, Structures de Fredholm sur les Variétés Hilbertiennes. V, 123 pages. 1972. DM 16,-

Vol. 260: R. Godement and H. Jacquet, Zeta Functions of Simple Algebras. IX, 188 pages. 1972. DM 18,-

Vol. 261: A. Guichardet, Symmetric Hilbert Spaces and Related Topics. V, 197 pages. 1972. DM 18,-

Vol. 262: H. G. Zimmer, Computational Problems, Methods, and Results in Algebraic Number Theory. V, 103 pages. 1972. DM 16,-

Vol. 263: T. Parthasarathy, Selection Theorems and their Applications. VII, 101 pages. 1972. DM 16,-

Vol. 264: W. Messing, The Crystals Associated to Barsotti-Tate Groups: With Applications to Abelian Schemes. III, 190 pages. 1972. DM 18,-

Vol. 265: N. Saavedra Rivano, Catégories Tannakiennes. II, 418 pages. 1972. DM 26,-

Vol. 266: Conference on Harmonic Analysis. Edited by D. Gulick and R. L. Lipsman. VI, 323 pages. 1972. DM 24,-

Vol. 267: Numerische Lösung nichtlinearer partieller Differential- und Integro-Differentialgleichungen. Herausgegeben von R. Ansorge und W. Törnig. VI, 339 Seiten. 1972. DM 26,-

Vol. 268: C. G. Simader, On Dirichlet's Boundary Value Problem. IV, 238 pages. 1972. DM 20,-

Vol. 269: Théorie des Topos et Cohomologie Etale des Schémas. (SGA 4). Dirigé par M. Artin, A. Grothendieck et J. L. Verdier. XIX, 525 pages. 1972. DM 50,-

Vol. 270: Théorie des Topos et Cohomologie Etale des Schémas. Tome 2. (SGA 4). Dirigé par M. Artin, A. Grothendieck et J. L. Verdier. V, 418 pages. 1972. DM 50,-

Vol. 271: J. P. May, The Geometry of Iterated Loop Spaces. IX, 175 pages. 1972. DM 18,-

Vol. 272: K. R. Parthasarathy and K. Schmidt, Positive Definite Kernels, Continuous Tensor Products, and Central Limit Theorems of Probability Theory. VI, 107 pages. 1972. DM 16,-

Vol. 273: U. Seip, Kompakt erzeugte Vektorräume und Analysis. IX, 119 Seiten. 1972. DM 16,-

Vol. 274: Toposes, Algebraic Geometry and Logic. Edited by. F. W. Lawvere. VI, 189 pages. 1972. DM 18,-

Vol. 275: Séminaire Pierre Lelong (Analyse) Année 1970-1971. VI, 181 pages. 1972. DM 18,-

Vol. 276: A. Borel, Représentations de Groupes Localement Compacts. V, 98 pages. 1972. DM 16,-

continuation on page 165

Lecture Notes in Mathematics

Edited by A. Dold and B. Eckmann

11

Jean-Pierre Serre

Algèbre Locale Multiplicités

Cours au Collège de France, 1957–1958
rédigé par Pierre Gabriel
Troisième édition

Springer-Verlag
Berlin Heidelberg New York London Paris Tokyo

Author

Jean-Pierre Serre
Collège de France
Chaire d'Algèbre et Géométrie
11, place Marcelin Berthelot
F-75231 Paris Cedex 05

3rd Edition 1975
2nd Corrected Printing 1997

Mathematics Subject Classifications (1970): 13-02, 13C15, 13D05, 13H05, 13H10, 13H15, 14O15

ISBN 3-540-07028-1 Springer-Verlag Berlin Heidelberg New York
ISBN 0-387-07028-1 Springer-Verlag New York Berlin Heidelberg

Library of Congress Cataloging in Publication Data
Serre, Jean-Pierre.
Algèbre locale, multiplicités.
(Lecture notes in mathematics ; 11)
Bibliography: p.
1. Geometry, Algebraic. 2. Rings (Algebra)
3. Modules (Algebra) I. Title. II. Series:
Lecture notes in mathematics (Berlin) ; 11.
QA3.L28 no. 11, 1975 [QA564] 510'.8s [516'.35] 75-359

2146/3140-5432
SPIN 11361473

PRÉFACE DE LA SECONDE ÉDITION

Cette édition diffère de la première par les points suivants:

Un certain nombre de passages ont été récrits, notamment le § A du chap. II, le chap. III, le § B du chap. IV, et le § C du chap. V.

Ont été ajoutés: une Introduction, deux Appendices, et une Bibliographie.

Le travail de dactylographie a été fait par les soins de l'Institut des Hautes Etudes Scientifiques. Je lui en suis très reconnaissant.

PRÉFACE DE LA TROISIÈME ÉDITION

Cette édition diffère de la précédente par:

a) la correction d'erreurs typographiques,

b) la suppression du chap. I, remplacé par un bref résumé, avec renvois à l'*Algèbre Commutative* de Bourbaki.

Jean-Pierre Serre

TABLE DES MATIÈRES

INTRODUCTION

Les multiplicités d'intersections de la géométrie algébrique sont égales à certaines "caractéristiques d'Euler-Poincaré" formées au moyen des foncteurs Tor de Cartan-Eilenberg. Le but essentiel de ce cours est d'établir ce résultat, et de l'appliquer à la démonstration des formules fondamentales de la théorie des intersections.

Il a fallu d'abord rappeler quelques résultats d'algèbre locale : décomposition primaire, théorèmes de Cohen-Seidenberg, normalisation des anneaux de polynômes, dimension (au sens de Krull), polynômes caractéristiques (au sens de Hilbert-Samuel).

L'homologie apparaît ensuite, lorsque l'on considère la multiplicité $e_{\underline{q}}(E,r)$ d'un idéal de définition $\underline{q} = (x_1,\ldots,x_r)$ d'un anneau local noethérien A par rapport à un A-module E de type fini. Cette multiplicité est définie comme le coefficient de $n^r/r!$ dans le polynôme caractéristique $\ell_A(E/\underline{q}^n E)$ [on note $\ell_A(F)$ la longueur d'un A-module F] . On démontre alors la formule suivante, qui joue un rôle essentiel dans la suite :

$$(*) \qquad e_{\underline{q}}(E,r) = \sum_{i=0}^{i=r} (-1)^i \, \ell_A(H_i(E,\underline{x}))$$

où les $H_i(E,\underline{x})$ désignent les modules d'homologie du complexe de l'algèbre extérieure construit sur E au moyen des x_i .

Ce complexe peut d'ailleurs être utilisé dans d'autres questions d'algèbre locale, par exemple pour étudier la codimension homologique des modules sur un anneau local, les modules de Cohen-Macaulay (ceux dont la dimension de Krull coïncide avec la codimension homologique), et aussi pour montrer que les anneaux locaux réguliers sont les seuls anneaux locaux dont la dimension homologique soit finie.

Une fois la formule (*) démontrée, on peut aborder l'étude des caractéristiques d'Euler-Poincaré formées au moyen des Tor. Lorsque l'on traduit dans le langage de l'algèbre locale la situation géométrique des intersections, on obtient un anneau local régulier A, de dimension n, et deux A-modules E et F de type fini sur A, dont le produit tensoriel est de longueur finie sur A (cela signifie que les variétés correspondant à E et F ne se coupent qu'au point considéré). On est alors conduit à conjecturer les énoncés suivants :

i) On a $\dim.(E) + \dim.(F) \leqslant n$ ("formule des dimensions").

ii) L'entier $\chi_A(E,F) = \sum_{i=0}^{i=n} (-1)^i \ell_A(\mathrm{Tor}_i^A(E,F))$ est $\geqslant 0$.

iii) On a $\chi_A(E,F) = 0$ si et seulement si l'inégalité i) est stricte.

La formule (*) montre que ces énoncés sont en tout cas vrais si $F = A/(x_1,\ldots,x_r)$, avec $\dim(F) = n - r$. Grâce à un procédé, utilisant des produits tensoriels complétés, et qui est l'analogue algébrique de la "réduction à la diagonale", on peut en déduire qu'ils sont vrais lorsque A a même caractéristique que son corps des restes, ou bien quand A est non ramifié. A partir de là, on peut, en se servant des théorèmes de structure des anneaux locaux complets, démontrer la formule des dimensions i) dans le cas le plus général. Par contre, je ne suis parvenu, ni à démontrer ii) et iii) sans faire d'hypothèses sur A, ni à en donner des contre-exemples. Il semble qu'il faille aborder la question sous un angle différent, par exemple en définissant directement (par un procédé asymptotique convenable) un entier $\geqslant 0$ dont on montrerait ensuite qu'il est égal à $\chi_A(E,F)$.

Heureusement, le cas d'égale caractéristique est suffisant pour les applications à la géométrie algébrique (et aussi à la géométrie analytique). De façon précise, soit X une variété non singulière, soient V et W deux sous-variétés irréductibles de X , et supposons que $C = V \cap W$ soit une sous-variété irréductible de X , avec :

dim. X + dim. C = dim. V + dim. W (intersection "propre").
Soient A, A_V, A_W les anneaux locaux de X, V et W en C.
Si $i(V.W,C;X)$ désigne la multiplicité d'intersection de V et W en C (au sens de Weil, Chevalley, Samuel), on a la formule :

$$(**) \quad i(V.W,C;X) = \chi_A(A_V,A_W) .$$

Cette formule (la "formule des Tor") se démontre par réduction à la diagonale, en se ramenant à (*) . En fait, il est commode de prendre (**) comme définition des multiplicites. Les propriétés de celles-ci s'obtiennent alors de façon naturelle : la commutativité résulte de celle des Tor ; l'associativité résulte des deux suites spectrales qui expriment l'associativité des Tor ; la formule de projection résulte des deux suites spectrales reliant les images directes d'un faisceau cohérent et les Tor (ces dernières suites spectrales ont d'autres applications intéressantes, mais il n'en a pas été question dans le cours). Chaque fois, on utilise le fait bien connu que les caractéristiques d'Euler-Poincaré restent constantes dans une suite spectrale.

Lorsque l'on définit les intersections au moyen de la formule des Tor, on est conduit à étendre la théorie au delà du cadre strictement "non singulier" de Weil et de Chevalley. Par exemple, si $f : X \longrightarrow Y$ est un morphisme d'une variété X dans une variété non singulière Y, on peut faire correspondre à deux cycles x et y de X et de Y un "produit" $x._f y$ qui correspond au point de vue ensembliste à $x \cap f^{-1}(y)$ (bien entendu, ce produit n'est défini que sous certaines conditions de dimensions). Lorsque f est l'application identique, on trouve le produit ordinaire. Les formules de commutativité, d'associativité, de projection, peuvent s'énoncer et se démontrer pour ce nouveau produit.

CHAPITRE I - IDÉAUX PREMIERS ET LOCALISATION

Ce chapitre résume un certain nombre de résultats dont on trouvera des démonstrations dans l'*Algèbre Commutative* de Bourbaki, chap.I à IV.

1. Notations et définitions

On note A un anneau commutatif, à élément unité. Tous les A-modules sont supposés unitaires.

Un idéal $\underline{p}$ de A est dit *premier* si $A/\underline{p}$ est intègre, i.e. peut être plongé dans un corps; un tel idéal est distinct de A; pour que (0) soit premier, il faut et il suffit que A soit intègre.

Un idéal $\underline{m}$ de A est dit *maximal* s'il est distinct de A, et maximal parmi les idéaux ayant cette propriété; il revient au même de dire que $A/\underline{m}$ est un corps. Un tel idéal est premier.

Un anneau A est dit *local* s'il possède un idéal maximal $\underline{m}$ et un seul; on a alors $A - \underline{m} = A^*$, où A^* désigne le groupe multiplicatif des éléments inversibles de A.

2. Lemme de Nakayama

Soit $\underline{r}$ le *radical* (de Jacobson) de A, i.e. l'intersection des idéaux maximaux de A; on a $x \in \underline{r}$ si et seulement si $1 - xy$ est inversible pour tout $y \in A$.

PROPOSITION 1 - *Soient M un A-module de type fini, et $\underline{q}$ un idéal de A contenu dans le radical $\underline{r}$ de A. Si $\underline{q}M = M$, on a $M = 0$.*

En effet, si M était $\neq 0$, il posséderait un quotient simple, et celui-ci serait isomorphe à $A/\underline{m}$, où $\underline{m}$ est un idéal maximal de A; on aurait alors $\underline{m}M \neq M$, contrairement au fait que $\underline{q} \subset \underline{m}$.

COROLLAIRE 1 - *Si N est un sous-module de M tel que $M = N + \underline{q}M$, on a $M = N$.*

Cela résulte de la prop.1, appliquée à M/N.

COROLLAIRE 2 - *Si A est un anneau local, et si M et N sont deux A-modules de type fini, on a :*

$$M \otimes_A N = 0 \iff (M = 0 \text{ ou } N = 0).$$

Soient $\underline{m}$ l'idéal maximal de A, et k le corps $A/\underline{m}$. Posons $\overline{M} = M/\underline{m}M$ et $\overline{N} = N/\underline{m}N$. Si $M \otimes_A N$ est nul, il en est de même de $\overline{M} \otimes_k \overline{N}$; cela entraîne $\overline{M} = 0$ ou $\overline{N} = 0$, d'où $M = 0$ ou $N = 0$, d'après la prop.1.

3. Localisation (cf. Bourbaki, AC II)

Soit S une partie de A stable par multiplication, et contenant 1. Si M est un A-module, on définit le module $S^{-1}M$ (noté aussi parfois M_S) comme l'ensemble des "fractions" m/s, $m \in M$, $s \in S$, deux fractions m/s et m'/s' étant identifiées si et seulement si il existe $s'' \in S$ tel que $s''(s'm - sm') = 0$. Ceci s'applique aussi à $M = A$, ce qui définit $S^{-1}A$. On a des applications évidentes

$$A \longrightarrow S^{-1}A \qquad \text{et} \qquad M \longrightarrow S^{-1}M$$

données par $a \longmapsto a/1$ et $m \longmapsto m/1$. Le noyau de $M \longrightarrow S^{-1}M$ est $\mathrm{Ann}_M(S)$, i.e. l'ensemble des $m \in M$ tels qu'il existe $s \in S$ avec $sm = 0$.

La multiplication

$$a/s \cdot a'/s' = (aa')/(ss')$$

définit sur $S^{-1}A$ une structure d'anneau. De même, $S^{-1}M$ a une structure naturelle de $S^{-1}A$-module, et l'on a un isomorphisme canonique

$$S^{-1}A \otimes_A M \simeq S^{-1}M .$$

Le foncteur $M \longmapsto S^{-1}M$ est <u>exact</u>, ce qui montre que $S^{-1}A$ est un A-module <u>plat</u> (Bourbaki, AC I).

Les idéaux premiers de $S^{-1}A$ sont les idéaux $S^{-1}\underline{p}$, où $\underline{p}$ parcourt l'ensemble des idéaux premiers de A qui ne rencontrent pas S; si $\underline{p}$ est un tel idéal, l'image réciproque de $S^{-1}\underline{p}$ par $A \longrightarrow S^{-1}A$ est $\underline{p}$.

<u>Exemples</u>

i) Si x est un élément non nilpotent de A, prenons pour S l'ensemble des puissances de x. L'anneau $S^{-1}A$ est alors $\neq 0$, donc possède un idéal premier; d'où l'existence d'un idéal premier de A ne contenant pas x. En d'autres termes :

PROPOSITION 2 - <u>L'intersection des idéaux premiers de</u> A <u>est l'ensemble des éléments nilpotents de</u> A.

ii) Si $\underline{p}$ est un idéal premier de A, prenons pour S le complémentaire $A - \underline{p}$ de $\underline{p}$. On écrit alors $A_{\underline{p}}$ et $M_{\underline{p}}$ au lieu de $S^{-1}A$ et $S^{-1}M$. L'anneau $A_{\underline{p}}$ est un <u>anneau local</u> d'idéal maximal $\underline{p}A_{\underline{p}}$, et de corps résiduel le corps des fractions de $A/\underline{p}$; les idéaux premiers de $A_{\underline{p}}$ correspondent bijectivement aux idéaux premiers de A contenus dans $\underline{p}$.

4. Anneaux et modules noethériens

On dit que A est <u>noethérien</u> s'il satisfait aux conditions équivalentes suivantes :

a) toute suite croissante d'idéaux de A est stationnaire;

b) tout idéal de A est de type fini (i.e. peut être engendré par un nombre fini d'éléments).

Supposons que ce soit le cas, et soit M un A-module de type fini. Alors M est <u>noethérien</u>, autrement dit :

a') toute suite croissante de sous-modules de M est stationnaire;

b') tout sous-module de M est de type fini.

5. <u>Spectre</u> (Bourbaki, AC II, §4)

Le <u>spectre</u> de A est l'ensemble $\mathrm{Spec}(A)$ des idéaux premiers de A. Si $\underline{a}$ est un idéal de A, on note $W(\underline{a})$ l'ensemble des $\underline{p} \in \mathrm{Spec}(A)$ tels que $\underline{a} \subset \underline{p}$. On a

$$W(\underline{a} \cap \underline{b}) = W(\underline{a}.\underline{b}) = W(\underline{a}) \cup W(\underline{b}) \quad \text{et} \quad W(\sum \underline{a}_i) = \bigcap W(\underline{a}_i).$$

Les $W(\underline{a})$ sont les fermés d'une topologie sur $\mathrm{Spec}(A)$, appelée <u>topologie de Zariski</u>. Si A est noethérien, l'espace $\mathrm{Spec}(A)$ est noethérien : toute suite croissante d'ouverts est stationnaire.

Si F est une partie fermée $\neq \emptyset$ de $\mathrm{Spec}(A)$, les propriétés suivantes sont équivalentes :

i) F est <u>irréductible</u>, i.e. n'est pas réunion de deux sous-ensembles fermés distincts de F;

ii) il existe $\underline{p} \in \mathrm{Spec}(A)$ tel que $F = W(\underline{p})$ ou, ce qui revient au même, tel que F soit l'adhérence de $\{\underline{p}\}$.

Soient maintenant M un A-module de type fini, et $\underline{a} = \mathrm{Ann}(M)$ son annulateur, i.e. l'ensemble des $a \in A$ tels que $aM = 0$.

PROPOSITION 3 - <u>Si $\underline{p}$ est un idéal premier de</u> A, <u>les propriétés suivantes sont équivalentes</u> :

a) $M_{\underline{p}} \neq 0$;

b) $\underline{p} \in W(\underline{a})$.

En effet, l'hypothèse que M est de type fini entraîne que l'annulateur du $A_{\underline{p}}$-module $M_{\underline{p}}$ est $\underline{a}_{\underline{p}}$, d'où aussitôt le résultat.

L'ensemble des $\underline{p} \in \mathrm{Spec}(A)$ jouissant des propriétés a) et b) ci-dessus est noté $\mathrm{Supp}(M)$ ou $V(M)$, et appelé le <u>support</u> (ou la <u>variété</u>) du module M. C'est une partie fermée de $\mathrm{Spec}(A)$.

PROPOSITION 4 - a) <u>Si</u> $0 \to M' \to M \to M'' \to 0$ <u>est une suite exacte de A-modules de type fini, on a</u> $V(M) = V(M') \cup V(M'')$.

b) <u>Si</u> P <u>et</u> Q <u>sont des sous-modules d'un module</u> M <u>de type fini, on a</u> $V(M/P \cap Q) = V(M/P) \cup V(M/Q)$.

c) <u>Si</u> M <u>et</u> N <u>sont deux modules de type fini, on a</u>

$$V(M \otimes_A N) = V(M) \cap V(N).$$

Les assertions a) et b) sont immédiates. L'assertion c) résulte du cor.2 à la prop.1, appliqué aux localisés $M_{\underline{p}}$ et $N_{\underline{p}}$ de M et N en $\underline{p}$.

COROLLAIRE - Si M est un module de type fini, et $\underline{r}$ un idéal de A, on a $V(M/\underline{r}M) = V(M) \cap W(\underline{r})$.

Cela résulte de c) compte tenu de ce que $M/\underline{r}M = M \otimes_A A/\underline{r}$.

6. Le cas noethérien

Dans ce n° et le suivant, on suppose A noethérien.

Le spectre Spec(A) de A est alors un espace noethérien quasi-compact. Si F est une partie fermée de Spec(A), toute partie irréductible de F est contenue dans une partie irréductible maximale, et celle-ci est fermée dans F ; une telle partie est dite une composante irréductible de F. L'ensemble des composantes irréductibles de F est fini; la réunion de ces composantes est égale à F.

Les composantes irréductibles de Spec(A) sont les $W(\underline{p})$, où $\underline{p}$ parcourt l'ensemble (fini) des idéaux premiers minimaux de A.Plus généralement, soit M un A-module de type fini, d'annulateur $\underline{a}$. Les composantes irréductibles de V(M) sont les $W(\underline{p})$, où $\underline{p}$ parcourt l'ensemble des idéaux premiers possédant l'une des propriétés équivalentes suivantes :

i) $\underline{p}$ contient $\underline{a}$, et est minimal pour cette propriété;

ii) $\underline{p}$ est un élément minimal de V(M) ;

iii) le module $M_{\underline{p}}$ est $\neq 0$, et de longueur finie (sur l'anneau $A_{\underline{p}}$).

(Rappelons qu'un module est dit de longueur finie s'il possède une suite de Jordan-Hölder ; dans le cas présent, cela équivaut à dire que le module est de type fini, et que son support ne contient que des idéaux maximaux.)

7. Idéaux premiers associés (Bourbaki, AC IV, §1)

(Rappelons que A est supposé noethérien.)

Soient M un A-module de type fini, et $\underline{p} \in$ Spec(A). On dit que $\underline{p}$ est associé à M si M contient un sous-module isomorphe à $A/\underline{p}$, autrement dit s'il existe un élément de M dont l'annulateur est égal à $\underline{p}$. L'ensemble des idéaux premiers associés à M est noté Ass(M).

PROPOSITION 5 - Soit $\underline{P}$ l'ensemble des annulateurs des éléments non nuls de M. Tout élément maximal de $\underline{P}$ est premier.

Soit m un élément $\neq 0$ de M dont l'annulateur $\underline{p}$ est un élément maximal de $\underline{P}$. Si $xy \in \underline{p}$ et $x \notin \underline{p}$, on a $xm \neq 0$, l'annulateur de xm contient $\underline{p}$, et est donc égal à $\underline{p}$, puisque $\underline{p}$ est maximal dans $\underline{P}$. Comme $yxm = 0$, on a $y \in \mathrm{Ann}(xm) = \underline{p}$, ce qui prouve bien que $\underline{p}$ est premier.

COROLLAIRE 1 - *Si* $M \neq 0$, *on a* $\mathrm{Ass}(M) \neq \emptyset$.

En effet, $\underline{P}$ est alors non vide, donc possède un élément maximal, puisque A est noethérien.

COROLLAIRE 2 - *Il existe une suite croissante* $(M_i)_{0 \leq i \leq n}$ *de sous-modules de* M, *avec* $M_0 = 0$ *et* $M_n = M$, *telle que, pour* $1 \leq i \leq n$, M_i/M_{i-1} *soit isomorphe à* $A/\underline{p}_i$, *avec* $\underline{p}_i \in \mathrm{Spec}(A)$.

Si $M \neq 0$, le cor.1 montre qu'il existe un sous-module M_1 de M isomorphe à $A/\underline{p}_1$, avec $\underline{p}_1$ premier. Si $M_1 \neq M$, le même argument, appliqué à M/M_1, prouve l'existence d'un sous-module M_2 de M contenant M_1 et tel que M_2/M_1 soit isomorphe à $A/\underline{p}_2$, avec $\underline{p}_2$ premier; et ainsi de suite. On obtient une suite croissante (M_i); vu le caractère noethérien de M, cette suite s'arrête; d'où le résultat cherché.

PROPOSITION 6 - *Soit* S *une partie de* A *stable par multiplication et contenant* 1; *soit* $\underline{p} \in \mathrm{Spec}(A)$ *tel que* $S \cap \underline{p} = \emptyset$. *Pour que l'idéal premier* $S^{-1}\underline{p}$ *de* $S^{-1}A$ *soit associé à* $S^{-1}M$, *il faut et il suffit que* $\underline{p}$ *soit associé à* M.

(En d'autres termes, la formation de Ass est compatible à la localisation.)

Si $\underline{p} \in \mathrm{Ass}(M)$, il existe un élément $m \in M$ dont l'annulateur est $\underline{p}$; on vérifie alors immédiatement que l'annulateur de l'élément $m/1$ de $S^{-1}M$ est $S^{-1}\underline{p}$, d'ou $S^{-1}\underline{p} \in \mathrm{Ass}(S^{-1}M)$.

Inversement, supposons que $S^{-1}\underline{p}$ soit l'annulateur d'un élément m/s de $S^{-1}M$, avec $m \in M$, $s \in S$. Si $\underline{a}$ est l'annulateur de m, on a $S^{-1}\underline{a} = S^{-1}\underline{p}$, ce qui entraîne $\underline{a} \subset \underline{p}$, cf. n°3, ainsi que l'existence de $s' \in S$ tel que $s'\underline{p} \subset \underline{a}$. On verifie alors que $s'm$ a pour annulateur $\underline{p}$, d'où $\underline{p} \in \mathrm{Ass}(M)$.

THÉORÈME 1 - *Soit* $(M_i)_{0 \leq i \leq n}$ *une suite croissante de sous-modules de* M, *avec* $M_0 = 0$ *et* $M_n = M$, *telle que, pour* $1 \leq i \leq n$, M_i/M_{i-1} *soit isomorphe à* $A/\underline{p}_i$, *avec* $\underline{p}_i \in \mathrm{Spec}(A)$, *cf.*cor.2 *à la* prop.5. *On a* :

$$\mathrm{Ass}(M) \subset \{\underline{p}_1, \ldots, \underline{p}_n\} \subset V(M),$$

et ces trois ensembles ont mêmes éléments minimaux.

Soit $\mathfrak{p} \in \mathrm{Spec}(A)$. On a $M_{\mathfrak{p}} \neq 0$ si et seulement si l'un des $(A/\mathfrak{p}_i)_{\mathfrak{p}}$ est $\neq 0$, i.e. si et seulement si $\mathfrak{p}$ contient l'un des $\mathfrak{p}_i$. Cela montre que $V(M)$ contient $\mathfrak{p}_1,\dots,\mathfrak{p}_n$, et que ces deux ensembles ont mêmes éléments minimaux.

D'autre part, si $\mathfrak{p} \in \mathrm{Ass}(M)$, le module M contient un sous-module N isomorphe à $A/\mathfrak{p}$. Soit i le plus petit indice tel que $N \cap M_i \neq 0$; si m est un élément non nul de $N \cap M_i$, le module Am est isomorphe à $A/\mathfrak{p}$, et s'envoie injectivement dans $M_i/M_{i-1} \simeq A/\mathfrak{p}_i$; on en conclut aussitôt que $\mathfrak{p} = \mathfrak{p}_i$, d'où l'inclusion $\mathrm{Ass}(M) \subset \{\mathfrak{p}_1,\dots,\mathfrak{p}_n\}$.

Enfin, si $\mathfrak{p}$ est un élément minimal de $V(M)$, la variété $V(M_{\mathfrak{p}})$ du localisé de M en $\mathfrak{p}$ est réduite à l'unique idéal maximal $\mathfrak{p}A_{\mathfrak{p}}$ de $A_{\mathfrak{p}}$. Comme $\mathrm{Ass}(M_{\mathfrak{p}})$ est non vide (prop.5, cor.1) et contenu dans $V(M_{\mathfrak{p}})$, on a nécessairement $\mathfrak{p}A_{\mathfrak{p}} \in \mathrm{Ass}(M_p)$, et la prop.6 (appliquée à $S = A - \mathfrak{p}$) montre que $\mathfrak{p} \in \mathrm{Ass}(M)$, cqfd.

COROLLAIRE - $\mathrm{Ass}(M)$ <u>est fini</u>.

Un élément non minimal de $\mathrm{Ass}(M)$ est parfois dit <u>immergé</u>.

PROPOSITION 7 - <u>Soit</u> $\mathfrak{a}$ <u>un idéal de</u> A. <u>Les propriétés suivantes sont équivalentes</u> :

i) <u>il existe</u> $m \in M$, $m \neq 0$, <u>tel que</u> $\mathfrak{a}.m = 0$;

ii) <u>pour tout</u> $x \in \mathfrak{a}$, <u>il existe</u> $m \in M$, $m \neq 0$, <u>tel que</u> $xm = 0$;

iii) <u>il existe</u> $\mathfrak{p} \in \mathrm{Ass}(M)$ <u>tel que</u> $\mathfrak{a} \subset \mathfrak{p}$;

iv) $\mathfrak{a}$ <u>est contenu dans la réunion des idéaux</u> $\mathfrak{p} \in \mathrm{Ass}(M)$.

L'équivalence de i) et iii) résulte de la prop.5 et du caractère noethérien de A. L'équivalence de iii) et iv) résulte de la finitude de $\mathrm{Ass}(M)$, combinée avec le lemme suivant :

LEMME 1 - <u>Soient</u> $\mathfrak{a}, \mathfrak{p}_1,\dots,\mathfrak{p}_n$ <u>des idéaux d'un anneau commutatif</u> R. <u>Si les</u> $\mathfrak{p}_i$ <u>sont premiers, et si</u> $\mathfrak{a}$ <u>est contenu dans la réunion des</u> $\mathfrak{p}_i$, <u>alors</u> $\mathfrak{a}$ <u>est contenu dans l'un des</u> $\mathfrak{p}_i$.

(Il n'est en fait pas nécessaire de supposer que tous les $\mathfrak{p}_i$ sont premiers ; il suffit que $n-2$ d'entre eux le soient, cf.Bourbaki, AC II, §1, prop.2.)

On raisonne par récurrence sur n, le cas $n = 1$ étant trivial. On peut supposer que les $\mathfrak{p}_i$ n'ont entre eux aucune relation d'inclusion (sinon, on serait ramené au cas de $n-1$ idéaux premiers). Il faut montrer que, si $\mathfrak{a}$ n'est contenu dans aucun des $\mathfrak{p}_i$, il existe $x \in \mathfrak{a}$ qui n'appartient a aucun des $\mathfrak{p}_i$. Vu l'hypothese de récurrence, il existe $y \in \mathfrak{a}$ tel que $y \notin \mathfrak{p}_i$, $1 \leq i \leq n-1$. Si $y \notin \mathfrak{p}_n$, on prend $x = y$.

Si $y \in \underline{p}_n$, on prend $x = y + zt_1 \ldots t_{n-1}$, avec

$z \in \underline{a}$, $z \notin \underline{p}_n$ et $t_i \in \underline{p}_i$, $t_i \notin \underline{p}_n$.

On vérifie immédiatement que x répond à la question.

Enfin, l'implication i) $\Rightarrow$ ii) est triviale, et ii) $\Rightarrow$ iv) résulte de ce qui a déjà été démontré (appliqué au cas d'un idéal principal). Les 4 propriétés i), ii), iii), iv) sont donc bien équivalentes.

COROLLAIRE - Pour qu'un élément de A soit un diviseur de zéro, il faut et il suffit qu'il appartienne à l'un des idéaux $\underline{p}$ de Ass(A).

Cela résulte de la prop.7, appliquée à $M = A$.

PROPOSITION 8 - Soit $x \in A$ et soit x_M l'homothétie de M définie par x. Les conditions suivantes sont équivalentes :

i) x_M est nilpotente ;

ii) x appartient à l'intersection des $\underline{p} \in \mathrm{Ass}(M)$ (ou des $\underline{p} \in V(M)$, cela revient au même d'après le th.1).

Si $\underline{p} \in \mathrm{Ass}(M)$, M contient un sous-module isomorphe à $A/\underline{p}$; si x_M est nilpotente, sa restriction à ce sous-module doit aussi être nilpotente, ce qui entraîne $x \in \underline{p}$; d'où i) $\Rightarrow$ ii).

Inversement, supposons ii) vérifiée, et soit (M_i) une suite croissante de sous-modules de M satisfaisant aux conditions du cor.2 à la prop.5. Vu le th.1, x appartient à tous les idéaux premiers $\underline{p}_i$ correspondants, et l'on a $x_M(M_i) \subset M_{i-1}$ pour tout i, d'où i).

COROLLAIRE - Soit $\underline{p} \in \mathrm{Spec}(A)$. Supposons $M \neq 0$. Pour que $\mathrm{Ass}(M) = \{\underline{p}\}$ il faut et il suffit que x_M soit nilpotente (resp. injective) pour tout $x \in \underline{p}$ (resp. pour tout $x \notin \underline{p}$).

Cela résulte des prop.7 et 8.

Si Q est un sous-module de M, et si $\mathrm{Ass}(M/Q) = \{p\}$, on dit que Q est un sous-module $\underline{p}$-primaire de M. Si N est un sous-module quelconque de M, on démontre (cf. Bourbaki, AC IV, §2) que N peut s'écrire comme intersection

$$N = \bigcap_{\underline{p} \in \mathrm{Ass}(M/N)} Q_{\underline{p}} \quad , \text{ où } Q_{\underline{p}} \text{ est } \underline{p}\text{-primaire.}$$

C'est ce que l'on appelle une décomposition primaire de N. Les éléments de Ass(M/N) sont parfois appelés les idéaux premiers essentiels de N dans M.

Le cas le plus important pour la suite est celui où $M = A$, le sous-module N étant alors un idéal de A. Si un idéal $\underline{q}$ est $\underline{p}$-primaire, on a $\underline{p}^n \subset \underline{q} \subset \underline{p}$ pour $n \geq 1$ convenable, et tout élément de $A/\underline{q}$ qui n'appartient pas à $\underline{p}/\underline{q}$ est non-diviseur de zéro.

CHAPITRE II - OUTILS ET SORITES

Conventions : les anneaux considérés sont supposés commutatifs à élément unité, et les modules sont supposés unitaires.

A - FILTRATIONS ET GRADUATIONS

(Pour plus de détails, le lecteur se reportera à BOURBAKI, Alg. Comm., Chap.III.)

1. Anneaux et modules filtrés.

Définition 1: Nous appellerons anneau filtré un anneau A muni d'une famille $(A_n)_{n\in\mathbb{Z}}$ d'idéaux vérifiant les conditions suivantes:

$$A_o = A, \quad A_{n+1} \subset A_n \ , \quad A_p.A_q \subset A_{p+q} \ .$$

Nous appellerons module filtré sur l'anneau filtré A un A-module M muni d'une famille $(M_n)_{n\in\mathbb{Z}}$ de sous-modules vérifiant les conditions suivantes:

$$M_o = M, \quad M_{n+1} \subset M_n \ , \quad A_p.M_q \subset M_{p+q} \ .$$

[Noter que ces définitions sont plus restrictives que celles de BOURBAKI, loc.cit.]

Les modules filtrés forment une catégorie additive F_A, les morphismes étant les applications A-linéaires $u : M \to N$ telles que $u(M_n) = N_n$. Si P est un sous-A-module du module filtré M, on appelle filtration induite sur P par la filtration de M, la filtration (P_n) définie par la formule $P_n = P \cap M_n$. De même, on appelle filtration quotient sur $N = M/P$ la filtration (N_n) où $N_n = (M_n+P)/P$ est l'image de M_n.

Dans F_A, les notions de morphismes injectifs (resp. surjectifs) sont les notions habituelles. Tout morphisme u : M → N admet un

noyau Ker(u) et un conoyau Coker(u) : les modules sous-jacents

à Ker(u) et Coker(u) sont les noyau et conoyau habituels, munis

de la filtration induite et de la filtration quotient. On définit

également Im(u) = Ker(N→ Coker(u)) et Coim(u) = Coker(Ker(u) → M).

On a une factorisation canonique :

$$\text{Ker}(u) \rightarrow M \rightarrow \text{Coim}(u) \overset{\Theta}{\rightarrow} \text{Im}(u) \rightarrow N \rightarrow \text{Coker}(u) \ ,$$

où Θ est bijectif. On dit que u est un __morphisme strict__ si Θ est

un isomorphisme (de modules filtrés); il revient au même de dire que

$u(M_n) = N_n \cap u(M)$ pour tout $n \in \underline{Z}$. Il existe des morphismes bijec-

tifs qui ne sont pas des isomorphismes (F_A n'est pas une catégorie

__abélienne__ au sens de Grothendieck).

__Exemples de filtrations:__

a) Si $\underline{m}$ est un idéal de A , on appelle filtration $\underline{m}$-adique de A

(resp. du A-module M) la filtration pour laquelle $A_n = \underline{m}^n$ pour

$n \geqslant 1$ (resp. $M_n = \underline{m}^n M$ pour $n \geqslant 1$).

b) Soient A un anneau filtré, N un A-module filtré, et M un

A-module. Les sous-modules $\text{Hom}_A(M, N_n)$ de $\text{Hom}_A(M, N)$ définissent

sur $\text{Hom}_A(M, N)$ une structure de module filtré.

2. Topologie définie par une filtration.

Si M est un A-module filtré, les M_n forment une base de filtre,

et définissent sur M une structure uniforme (donc une topologie)

compatible avec sa structure de groupe (cf.BOURBAKI , __Top.Gén.__, Chap.III).

Ceci vaut en particulier pour A lui-même qui devient ainsi un __anneau__

__topologique__ ; de même, M est un A-module topologique.

Si $\underline{m}$ est un idéal de A , on appelle __topologie $\underline{m}$-adique__ sur un

A-module M la topologie définie par la filtration $\underline{m}$-adique de M .

Proposition 1: Soit N un sous-module d'un module filtré M . L'adhérence $\bar{N}$ de N est égale à $\bigcap (N + M_n)$.

En effet, dire que x n'appartient pas à $\bar{N}$ signifie qu'il existe $n \in \underline{\underline{Z}}$ tel que $(x + M_n) \cap N = \emptyset$, d'où le fait que x n'appartient pas à $N + M_n$.

Corollaire: M est séparé si et seulement si $\bigcap M_n = 0$.

3. Complétion des modules filtrés.

Si M est un A-module filtré, nous noterons $\hat{M}$ son complété-séparé; c'est un $\hat{A}$-module. On vérifie tout de suite qu'il s'identifie à $\varprojlim . M/M_n$. Si l'on pose $\hat{M}_n = \mathrm{Ker}(\hat{M} \to M/M_n)$, $\hat{M}$ devient un $\hat{A}$-module filtré, et $\hat{M}/\hat{M}_n$ s'identifie à M/M_n ; $\hat{M}_n$ est le complété de M_n , muni de la filtration induite par celle de M .

Proposition 2: Soit M un module filtré séparé et complet. Une série $\sum x_n$, $x_n \in M$, converge dans M si et seulement si son terme général x_n tend vers zéro.

La condition est évidemment nécessaire. Réciproquement, si $x_n \to 0$, il existe pour tout p un entier $n(p)$ tel que $n \geqslant n(p)$ $x_n \in M_p$. On a alors $x_n + x_{n+1} + \ldots + x_{n+k} \in M_p$ pour tout $k \geqslant 0$, et le critère de Cauchy s'applique.

Proposition 3: Soient A un anneau et $\underline{m}$ un idéal de A . Si A est séparé et complet pour la topologie $\underline{m}$-adique, l'anneau de séries formelles $A[[X]]$ est séparé et complet pour la topologie $(\underline{m}, X)$-adique.

L'idéal $(\underline{m}, X)^n$ est formé des séries $a_o + a_1X + \ldots + a_kX^k + \ldots$ telles que $a_p \in \underline{m}^{n-p}$ pour $0 \leqslant p \leqslant n$. La topologie définie par ces idéaux sur $A[[X]]$ est donc la topologie de la convergence simple des coefficients a_i ; en d'autres termes $A[[X]]$ est isomorphe (comme groupe topologique) au produit $A^{\underline{N}}$, qui est bien séparé et complet.

Proposition 4: Soient $\underline{m}_1, \ldots, \underline{m}_k$ des idéaux maximaux deux à deux distincts de l'anneau A, et soit $\underline{r} = \underline{m}_1 \cap \ldots \cap \underline{m}_k$. On a alors un isomorphisme canonique

$$\hat{A} = \prod_{1 \leqslant i \leqslant k} \hat{A}_{\underline{m}_i} ,$$

où $\hat{A}$ est le complété de A pour la topologie $\underline{r}$-adique, et où $\hat{A}_{\underline{m}_i}$ est le complété -séparé de $A_{\underline{m}_i}$ pour la topologie $\underline{m}_i A_{\underline{m}_i}$-adique.

[On a un résultat analogue pour les modules.]

Comme les $\underline{m}_i$, $1 \leqslant i \leqslant k$, sont deux à deux étrangers, on a

$$A/\underline{r}^n = A/(\underline{m}_1^n \cap \ldots \cap \underline{m}_k^n) = \prod_{1 \leqslant i \leqslant k} A_{\underline{m}_i}/\underline{m}_i^n A_{\underline{m}_i}$$

cf. par exemple Bourbaki, AC II, § 1, n°2. On en déduit:

$$\hat{A} = \varprojlim A/\underline{r}^n = \prod_{1 \leqslant i \leqslant k} \varprojlim (A_{\underline{m}_i}/\underline{m}_i^n A_{\underline{m}_i}) = \prod \hat{A}_{\underline{m}_i} .$$

Remarque: La proposition s'applique notamment au cas d'un anneau semi-local A, en prenant pour $\underline{m}_i$ l'ensemble des idéaux maximaux de A ; l'idéal $\underline{r}$ est alors le radical de A.

4. Anneaux et modules gradués.

Définition 2: Nous appellerons anneau gradué un anneau A muni d'une

<u>décomposition en somme directe:</u>

$$A = \sum_{n \in \underline{\underline{Z}}} A_n ,$$

<u>telle que</u> $A_n = \{0\}$ <u>si</u> $n \leq 0$ <u>et</u> $A_p . A_q \subset A_{p+q}$.

<u>Nous appellerons module gradué sur l'anneau gradué</u> A <u>un</u> A-<u>module</u> M <u>muni d'une décomposition en somme directe:</u>

$$M = \sum_{n \in \underline{\underline{Z}}} M_n ,$$

<u>telle que</u> $M_n = \{0\}$ <u>si</u> $n \leq 0$ <u>et</u> $A_p . M_q \subset M_{p+q}$.

Soit maintenant M un module filtré sur un anneau filtré A . Nous noterons gr(M) ou G(M) la somme directe $\sum M_n/M_{n+1}$ des groupes abéliens $gr_n(M) = M_n/M_{n+1}$. Les applications canoniques de $A_p \times M_q$ dans M_{p+q} définissent, par passage au quotient, des applications bilinéaires de $gr_p(A) \times gr_q(M)$ dans $gr_{p+q}(M)$, d'où une application bilinéaire de $gr(A) \times gr(M)$ dans gr(M) .

En particulier, pour M = A , on obtient sur gr(A) une structure <u>d'anneau gradué</u> ; c'est <u>l'anneau gradué associé à l'anneau filtré</u> A . De même, l'application $gr(A) \times gr(M) \to gr(M)$ munit gr(M) d'une structure de gr(A)-<u>module gradué</u> . Si $u : M \to N$ est un morphisme de modules filtrés, u définit par passage au quotient des homomorphismes $gr_n(u) : M_n/M_{n+1} \to N_n/N_{n+1}$, d'où un homomorphisme (homogène de degré 0) $gr(u) : gr(M) \to gr(N)$.

<u>Exemple</u>. Soit k un anneau, et soit $A = k[[X_1,\ldots,X_r]]$ la k-algèbre des séries formelles. Soit $\underline{m} = (X_1,\ldots,X_r)$, et munissons A de la filtration $\underline{m}$-adique. Le gradué associé gr(A) s'identifie à l'algèbre de polynômes $k[X_1,\ldots,X_r]$, graduée par le degré total.

Les modules M, $\hat{M}$ et $gr(M)$ se "ressemblent" beaucoup. Tout d'abord:

Proposition 5: Les applications canoniques $M \to \hat{M}$ et $A \to \hat{A}$ induisent des isomorphismes $gr(M) = gr(\hat{M})$ et $gr(A) = gr(\hat{A})$.

C'est immédiat.

Proposition 6: Soit $u : M \to N$ un morphisme de modules filtrés. On suppose que M est complet, N séparé, et que $gr(u)$ est surjectif. Alors u est surjectif, c'est un morphisme strict, et N est complet.

Soit n un entier, et soit $y \in N_n$. On va construire une suite $(x_k)_{k \geqslant 0}$ d'éléments de M_n telle que $x_{k+1} \equiv x_k \bmod . M_{n+k}$ et $u(x_k) \equiv y \bmod . N_{n+k}$. On procède par récurrence à partir de $x_o = 0$. Si x_k est construit, on a $u(x_k) - y \in N_{n+k}$ et la surjectivité de $gr(u)$ montre l'existence de $t_k \in M_{n+k}$ tel que $u(t_k) \equiv u(x_k) - y \bmod . N_{n+k+1}$; on prend alors $x_{k+1} = x_k - t_k$. Soit x l'une des limites dans M de la suite de Cauchy (x_k) ; comme M_n est fermé, on a $x \in M_n$, et $u(x) = \lim . u(x_k)$ est égal à y. Donc $u(M_n) = N_n$, ce qui montre bien que u est un morphisme strict surjectif. La topologie de N est quotient de celle de M, et c'est donc un module complet.

Corollaire 1: Soient A un anneau filtré complet, M un A-module filtre séparé, $(x_i)_{i \in I}$ une famille finie d'éléments de M, et (n_i) une famille finie d'entiers tels que $x_i \in M_{n_i}$. On note $\bar{x}_i$ l'image de x_i dans $gr_{n_i}(M)$. Si les $\bar{x}_i$ engendrent le $gr(A)$-module $gr(M)$, les x_i engendrent M, et M est complet.

Soit $E = A^I$, et soit E_n le sous-groupe de E formé des $(a_i)_{i \in I}$ tels que $a_i \in A_{n-n_i}$ pour tout $i \in I$. On définit ainsi une filtration sur E , et la topologie associée est la topologie produit de A^I . Soit $u : E \to M$ l'homomorphisme donné par:

$$u((a_i)) = \sum a_i x_i .$$

C'est un morphisme de modules filtrés, et l'hypothèse faite sur les $\bar{x}_i$ équivaut à dire que $gr(u)$ est surjectif. D'où le résultat d'après la prop.6.

[La démonstration montre en outre que $M_n = \sum A_{n-n_i} x_i$ pour tout entier n .]

<u>Corollaire 2</u>: <u>Si</u> M <u>est un module filtré séparé sur l'anneau filtré complet</u> A , <u>et si</u> gr(M) <u>est un</u> gr(A)-<u>module de type fini (resp. noethérien)</u>, <u>alors</u> M <u>est un module complet de type fini (resp. noethérien, et tous ses sous-modules sont fermés)</u>.

Le corollaire 1 montre directement que, si gr(M) est de type fini, M est complet et de type fini. D'autre part, si N est un sous-module de M , muni de la filtration induite, gr(N) est un sous-gr(A)-module gradué de gr(M); si donc gr(M) est noethérien, gr(N) est de type fini, et N est de type fini et complet (donc fermé puisque M est séparé); on en conclut bien que M est noethérien.

<u>Corollaire 3</u>: <u>Soit</u> $\underline{m}$ <u>un idéal d'un anneau</u> A . <u>Supposons que</u> $A/\underline{m}$ <u>soit noethérien</u>, <u>que</u> $\underline{m}$ <u>soit de type fini</u>, <u>et que</u> A <u>soit séparé et complet pour la topologie</u> $\underline{m}$-<u>adique</u>. <u>Alors</u> A <u>est noethérien</u>.

En effet, si $\underline{m}$ est engendré par $x_1,\ldots,x_r$, gr(A) est quotient de l'algèbre de polynômes $A/\underline{m}[X_1,\ldots,X_r]$, donc est noethérien. Le corollaire ci-dessus montre alors que A est noethérien.

Proposition 7: Si l'anneau filtré A est séparé, et si gr(A) est intègre, A est intègre.

En effet, soient x et y deux éléments non nuls de A. On peut trouver n,m tels que $x \in A_n - A_{n+1}$, $y \in A_m - A_{m+1}$; les éléments x et y définissent alors des éléments non nuls de gr(A); puisque gr(A) est intègre, le produit de ces éléments est non nul, et *a fortiori* on a $xy \neq 0$, d'où etc.

On démontre de façon analogue, mais un peu plus compliquée, que si A est séparé, noethérien, si tout idéal principal de A est fermé, et si gr(A) est intègre et intégralement clos, alors A est intègre et intégralement clos (cf. par exemple Zariski-Samuel, Commutative Algebra, vol.II, p.250). En particulier, si k est intègre, noethérien, et intégralement clos, il en est de même de $k[X]$ et de $k[[X]]$.

Signalons aussi que, si k est un corps valué complet non discret, l'anneau local $k\langle\langle X_1,\dots,X_n\rangle\rangle$ des séries convergentes à coefficients dans k est noethérien et factoriel (cela peut se voir au moyen du "théorème de préparation" de Weierstrass).

5. Où tout redevient noethérien - filtrations q-adiques.

A partir de maintenant, les anneaux et modules considérés sont supposés noethériens. On se donne un tel anneau A et un idéal q de A; on munit A de la filtration q-adique.

Soit M un A-module filtré par des (M_n). On lui associe le groupe gradué $\tilde{M}$ somme directe des M_n, $n \geq 0$; en particulier,

$\bar{A} = \sum \underline{q}^n$. Les applications canoniques $A_p \times M_q \to M_{p+q}$ se prolongent en une application bilinéaire de $\bar{A} \times \bar{M}$ dans $\bar{M}$; on définit ainsi sur $\bar{A}$ une structure de A-algèbre graduée, et sur $\bar{M}$ une structure de $\bar{A}$-module gradué [en géométrie algébrique, $\bar{A}$ correspond à l'opération d'"éclatement le long de la sous-variété définie par $\underline{q}$"].

Comme $\underline{q}$ est de type fini, $\bar{A}$ est une A-algèbre engendrée par un nombre fini d'éléments, et c'est en particulier un anneau noethérien.

Proposition 8: Les trois propriétés suivantes sont équivalentes:

(a) On a $M_{n+1} = \underline{q}.M_n$ pour n assez grand

(b) Il existe un entier m tel que $M_{m+k} = \underline{q}^k.M_m$ pour $k \geqslant 0$.

(c) $\bar{M}$ est un $\bar{A}$-module de type fini.

L'équivalence de (a) et (b) est triviale. Si (b) est vérifié pour un entier m , il est clair que $\bar{M}$ est engendré par $\sum_{i \leqslant m} M_i$, donc est de type fini; d'où (c) . Réciproquement, si $\bar{M}$ est engendré par des éléments homogènes de degrés n_i , il est clair que l'on a $M_{n+1} = \underline{q}.M_n$ dès que $n \geqslant \mathrm{Sup}(n_i)$; donc (c) $\Longrightarrow$ (a).

Définition: La filtration (M_n) de M est dite $\underline{q}$-bonne si elle vérifie les conditions équivalentes de la proposition 8.

(Autrement dit, on doit avoir $M_{n+1} \subset \underline{q}.M_n$ pour tout n , avec égalité pour presque tout n .)

Théorème 1 (Artin-Rees): Si P est un sous-module de M , la filtration induite sur P par la filtration $\underline{q}$-adique de M est $\underline{q}$-bonne. En d'autres termes, il existe un entier m tel que

$$P \cap \underline{q}^{m+k}M = \underline{q}^k(P \cap \underline{q}^m M) \quad \text{pour tout } k \geqslant 0 .$$

On a évidemment $\bar{P} \subset \bar{M}$; comme $\bar{M}$ est de type fini, et que $\bar{A}$

est noethérien, $\bar{P}$ est de type fini, cqfd.

[Cette présentation du théorème d'Artin-Rees est due à Cartier; elle est reproduite dans Bourbaki, Alg.comm., Chap.III, § 3.]

Corollaire 1: Tout homomorphisme $u : M \to N$ est un homomorphisme de groupes topologiques lorsqu'on munit les modules M et N des topologies $\underline{q}$-adiques.

Il est trivial que la topologie $\underline{q}$-adique de $u(M)$ est quotient de celle de M, et d'autre part le théorème 1 entraîne qu'elle est induite par celle de N.

Corollaire 2 : L'application canonique $\hat{A} \otimes_A M \to \hat{M}$ est bijective, et l'anneau $\hat{A}$ est A-plat.

La première assertion est évidente si M est libre. Dans le cas général, on choisit une suite exacte :

$$L_1 \to L_o \to M \to 0$$

où les L_i sont libres. On a un diagramme commutatif à lignes exactes:

$$\begin{array}{ccccccc}
\hat{A} \otimes_A L_1 & \longrightarrow & \hat{A} \otimes_A L_o & \longrightarrow & \hat{A} \otimes_A M & \to & 0 \\
\varphi_1 \downarrow & & \varphi_o \downarrow & & \varphi \downarrow & & \\
\hat{L}_1 & \longrightarrow & \hat{L}_o & \longrightarrow & \hat{M} & \to & 0 .
\end{array}$$

Comme φ_o et φ_1 sont bijectifs, il en est de même de φ. Comme en outre le foncteur $\hat{M}$ est exact à gauche, il en est de même du foncteur $\hat{A} \otimes_A M$ (sur la catégorie des modules de type fini - donc aussi sur celle de tous les modules), ce qui signifie bien que $\hat{A}$ est A-plat.

Corollaire 3: Convenons d'identifier le complété-séparé d'un sous-module N de M avec un sous-module de $\hat{M}$. On a alors les formules:

$$\hat{N} = \hat{A}.N \ , \ \hat{N}_1 + \hat{N}_2 = (N_1 + N_2)\hat{} \ , \ \hat{N}_1 \cap \hat{N}_2 = (N_1 \cap N_2)\hat{} \ .$$

On laisse au lecteur le soin de faire la démonstration; elle ne fait d'ailleurs intervenir que les hypothèses noethériennes et le fait que $\hat{A}$ est plat. En particulier, le corollaire 3 reste valable lorsque l'on remplace le foncteur $\hat{M}$ par le foncteur "localisation" M_S , où S est une partie multiplicativement stable de A .

Corollaire 4: Les propriétés suivantes sont équivalentes:

(i) $\underline{q}$ est contenu dans le radical $\underline{r}$ de A .

(ii) Tout A-module de type fini est séparé pour la topologie $\underline{q}$-adique.

(iii) Tout sous-module d'un A-module de type fini est fermé pour la topologie $\underline{q}$-adique.

(i) $\Longrightarrow$ (ii). Soit P l'adhérence de zéro; la topologie q-adique de P est la topologie la moins fine, d'où $P = \underline{q}.P$ et comme $\underline{q} \subset \underline{r}$, ceci entraîne $P = 0$ (lemme de Nakayama).

(ii) $\Longrightarrow$ (iii). Si N est un sous-module de M , le fait que M/N soit séparé entraîne que N soit fermé.

(iii) $\Longrightarrow$ (i). Soit $\underline{m}$ un idéal maximal de A . Puisque $\underline{m}$ est fermé dans A , on a nécessairement $\underline{q} \subset \underline{m}$, d'où aussi $\underline{q} \subset \underline{r}$.

Corollaire 5: Si A est local, et si $\underline{q}$ est distinct de A , on a $\bigcap_{n \geq 0} \underline{q}^n = 0$.

Cela résulte du corollaire précédent.

Définition: On appelle anneau de Zariski un anneau topologique noethérien dont la topologie peut être définie par les puissances d'un idéal $\underline{q}$ contenu dans le radical de l'anneau.

[Cette condition ne détermine pas $\underline{q}$ en général; mais si $\underline{q}'$ la vérifie on a $\underline{q}^n \subset \underline{q}'$ et $\underline{q}'^m \subset \underline{q}$ pour des entiers n et m convenables.]

Si A est un anneau de Zariski, et si M est un A-module de type fini, la topologie $\underline{q}$-adique de M ne dépend pas du choix de $\underline{q}$ (pourvu bien entendu que les puissances de $\underline{q}$ définissent la topologie de A); on l'appelle la <u>topologie canonique</u> de M. Elle est séparée (cor.4), ce qui permet d'identifier M à un sous-A-module de $\hat{M}$. Si N est un sous-module de M, on a les inclusions $N \subset \hat{N} \subset \hat{M}$ et $N \subset M \subset \hat{M}$ et même $N = \hat{N} \cap M$ (puisque N est <u>fermé</u> dans M).

COMPLÉMENT : Modules différentiels filtrés

Soit C une catégorie abélienne. On rappelle qu'un complexe (de degré s) $K^\bullet$ de C consiste en la donnée d'une suite de morphismes de C , soit $d^n : K^n \longrightarrow K^{n+s}$, où s est un entier donné, et où n parcourt $\mathbb{Z}$. On suppose en outre que, pour tout n , $d^{n+s} \circ d^n = 0$.

En particulier, soit $K^\bullet$ un complexe de degré + 1 de la catégorie F_A des modules filtrés sur un anneau filtré A (les hypothèses sont celles du paragraphe 1). On notera toujours par G(A) l'anneau gradué associé et par G_A la catégorie des modules gradués sur l'anneau gradué G(A) , le degré d'un morphisme étant arbitraire ($u:(M_n) \longrightarrow (N_n)$ est dit de degré s si $u(M_n) \subset N_{n+s}$).

A un tel complexe $K^\bullet$ on a l'habitude d'associer une suite de complexes $E_r^\bullet$, $0 \leqslant r \leqslant +\infty$, dont nous allons rappeler la construction (Voir Godement, Théorie des faisceaux, Suites spectrales, I, parag.4):

Le module K^n étant muni de la filtration

$$K^n = (K^n)_0 \supset (K^n)_1 \supset \ldots \supset (K^n)_s \supset \ldots \supset (K^n)_\infty = 0 ,$$

On désignera par $Z^n_{r,p}$ et $B^n_{r,p}$ les sous-modules:

$$Z^n_{r,p} = \mathrm{Ker}\ ((K^n)_p \xrightarrow{d^n} K^{n+1}/(K^{n+1})_{p+r}) \text{ et}$$

$$B^n_{r,p} = (K^n)_p \cap d^{n-1}(K^{n-1})_{p-r} , \quad 0 \leqslant r \leqslant \infty .$$

Dans ces conditions, on posera:

$$E^n_{r,p} = Z^n_{r,p} / (B^n_{r-1,p} + Z^n_{r-1,p+1}) .$$

Si l'on fixe r et n le module $E^n_{r,\bullet} = \bigoplus E^n_{r,p}$ est muni naturellement d'une structure de module gradué sur l'anneau gradué $G(A)$. (Considérer $E^n_{r,p}$ comme quotient d'un sous-groupe de K^n).

Si $r < +\infty$, les dérivations d^n de $K^\bullet$ induisent des morphismes:

$$d^n_{r,p} : E^n_{r,p} \longrightarrow E^{n+1}_{r,p+r} ,$$

et ces $d^n_{r,p}$ font des $E^n_{r,\bullet}$ un complexe de degré r .

En outre, $E^n_{r+1,\bullet}$ s'identifie au n-ième groupe de cohomologie de complexe $(E^n_{r,\bullet})$.

On a $E^n_{\infty,p} = (Z^n(K) \cap K_p) / (B^n(K) \cap K_p + Z^n(K) \cap K_{p+1})$.
Le module gradué $E^n_{\infty,\bullet}$ est donc simplement le gradué associé au module de cohomologie $H^n(K)$, filtré par les sous-modules

$$H^n(K^\bullet)_p = \mathrm{Im}(H^n(K^\bullet_p) \longrightarrow H^n(K^\bullet))$$

On construit de façon analogue, la "<u>suite spectrale</u>" lorsque $K^\bullet$ est un complexe de degré -1 . Nous nous proposons de montrer ici que l'étude de la suite spectrale $E^n_{r,p}$ se fait en deux pas bien distincts:

1°) Etudes des liens entre $E^n_{\infty,p}$ et $E^n_{r,p}$ pour $r < +\infty$.

2°) Etude de la filtration de $H^n(K^\bullet)$.

Les résultats seront simples si A est noethérien et est

muni d'une filtration $\underline{q}$-adique, et si les K^n sont des A-modules de type fini munis d'une filtration $\underline{q}$-bonne.

<u>Théorème: Les conditions suivantes sont équivalentes:</u>

1) <u>Pour tout</u> n <u>il existe un</u> $r(n) \leqslant +\infty$, <u>tel que:</u>

$$E^n_{r(n),\bullet} = E^n_{r(n)+1,\bullet} = \dots = E^n_{\infty,\bullet}$$

2) <u>Pour tout</u> n <u>il existe un entier</u> s(n) <u>tel que:</u>

$$K^{n+1}_{p+s(n)} \cap d^n(K^n) \subset d^n(K^n_{p+1}) \quad , \quad 0 \leqslant p \leqslant +\infty$$

(<u>Condition du type Artin-Rees: compare une filtration quotient et une filtration image</u>).

<u>Si ces conditions sont satisfaites on dira que la suite spectrale converge</u>.

On va faire la démonstration dans le cas où le complexe est de degré +1 . Pour cela on note d'abord les inclusions suivantes:

$$Z^n_{o,p} \supset Z^n_{1,p} \supset \dots \supset Z^n_{r,p} \supset \dots \supset Z^n_{\infty,p}$$

et

$$B^n_{o,p} \subset B^n_{1,p} \subset \dots \subset B^n_{r,p} \subset \dots \subset B^n_{\infty,p} \subset Z^n_{\infty,p} \quad .$$

Si donc $\bar{Z}^n_{r,p}$ et $\bar{B}^n_{r,p}$ désignent pour $r > s$ les images de $Z^n_{r,p}$ et $B^n_{r,p}$ dans $E^n_{s,p}$, alors l'image de $Z^n_{r-1,p+1}$ dans $E^n_{s,p}$ est nulle et $E^n_{r,p} = \bar{Z}^n_{r,p}/\bar{B}^n_{r-1,p}$. En outre on a les inclusions:

$$0 = \bar{B}^n_{s-1,p} \subset \bar{B}^n_{s,p} \subset \dots \subset \bar{B}^n_{\infty,p} \subset \bar{Z}^n_{\infty,p} \subset \dots \subset \bar{Z}^n_{s,p} = E^n_{s,p} \quad .$$

Autrement dit on aura $E^n_{\infty,p} = E^n_{s,p}$ si et seulement si $\bar{Z}^n_{\infty,p} = E^n_{s,p}$ et $\bar{B}^n_{\infty,p} = 0$ et ces égalités entraîneront toutes les égalités "intermédiaires".

Mais $\bar{Z}^n_{\infty,p} = E^n_{s,p}$ signifie

$$Z^p_{s,p} \subset Z^n_{\infty,p} + Z^n_{s-1,p+1} + B^n_{s-1,p} = Z^n_{\infty,p} + Z^n_{s-1,p+1} ,$$

ou $(d^n)^{-1}(K^{n+1}_{p+s}) \cap (K^n)_p \subset Z^n_{\infty,p} + (d^n)^{-1}(K^{n+1}_{p+s}) \cap K^n_{p+1}$

Un calcul sans difficulté et sans poésie montre que cette condition équivaut à $K^{n+1}_{p+s} \cap d^n(K^n) \subset d^n(K^n_{p+1})$, qui est la condition cherchée.

D'autre part, $\bar{B}^n_{\infty,p} = 0$ signifie

$$B^n_{\infty,p} \subset B^n_{s-1,p} + Z^n_{s-1,p+1}$$

ou $(d^{n-1}(K^{n-1}) \cap K^n_p) \subset d^{n-1}(K^{n-1}_{p-s+1}) \cap K^n_p + Z^n_{s-1,p+1}$.

Cette condition sera satisfaite si

$d^{n-1}(K^{n-1}) \cap K^n_p \subset d^{n-1}(K^{n-1}_{p-s+1})$, et on retrouve la condition du théorème, c.q.f.d.

<u>Corollaire</u>: <u>Si A est un anneau commutatif noethérien, à élément unité, muni d'une filtration q-adique, si f_A désigne la catégorie des modules de type fini sur A munis d'une filtration q-bonne, alors toute suite spectrale associée à un complexe (de degré ± 1) de f_A converge</u>.

Il va sans dire que la condition (2) du théorème est toujours trivialement satisfaite toutes les fois où la littérature se sert d'une suite spectrale. Le seul souci du littérateur est donc la filtration de $H^n(K^\bullet)$.

<u>Proposition: Sous les hypothèses du corollaire précédent, la filtration de</u> $H^n(K^\bullet)$ <u>est</u> $\underline{q}$<u>-bonne. (Elle est donc séparée si</u> $\underline{q} \subset \underline{r}(A)$) .

En effet, $H^n(K^\bullet)_p$ est l'image de $Z^n \cap (K^n)_p$, et la filtration de $H^n(K^\bullet)$ est donc la filtration quotient de la filtration que K^n induit sur Z^n .

Terminons sur <u>un exemple de complexe de degré -1</u>: Soient M et N deux A-modules de type fini que nous munirons de la filtration $\underline{q}$-adique. Appelons <u>module libre</u> de $\underline{f}_A$ tout module filtré somme directe de modules filtrés isomorphes à A ou à un translaté $A(p)$ de A $(A(p)_k = \underline{q}^{p-k})$. On voit alors facilement qu'il existe des résolutions de M ,

$$\longrightarrow X_n \xrightarrow{d_n} X_{n-1} \cdots \longrightarrow X_1 \xrightarrow{d_1} X_o \xrightarrow{\varepsilon} M \longrightarrow 0 ,$$

où les X_i sont des modules filtrés libres de type fini et où les d_i sont des <u>morphismes stricts</u>. Munissons $X_\bullet \otimes_A N$ de la filtration somme évidente, on a un complexe de $\underline{f}_A$ dont le terme E_1 n'est autre que $\mathrm{Tor}_n^{G(A)}(G(M),G(N))$, dont le terme E_∞ est le gradué associé à une filtration $\underline{q}$-bonne de $\mathrm{Tor}_n^A(M,N)$. Cette suite spectrale est utile en géométrie algébrique "pour passer du cône des tangentes d'une variété à cette variété".

Exemple:

Si $A = k[x,y]$, $\underline{q} = (x,y)$, k = corps commutatif; on prend

$M = A/(y)$, $N = A/(y^s - x^t)$, $s \leqslant t$. On a:

$$0 \longrightarrow A(1) \xrightarrow{y} A \longrightarrow M \longrightarrow 0$$

Les résultats sont résumés dans les diagrammes suivants:

$r = 0$

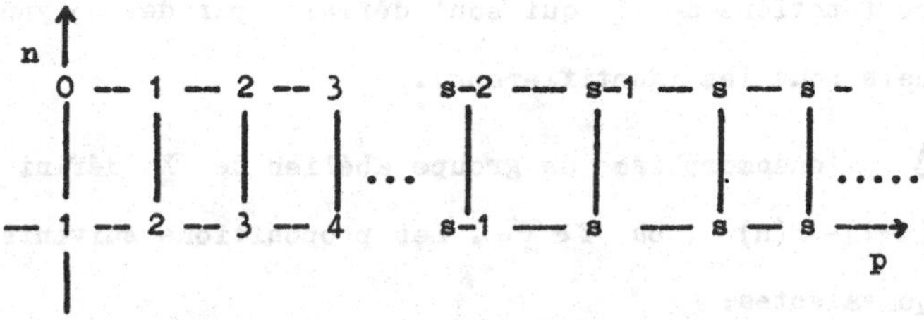

(où le nombre indiqué au point de coordonnées (p,n) est la dimension sur k de l'espace vectoriel $E^n_{r,p}$)

$t-s+1 > r \geqslant 1$

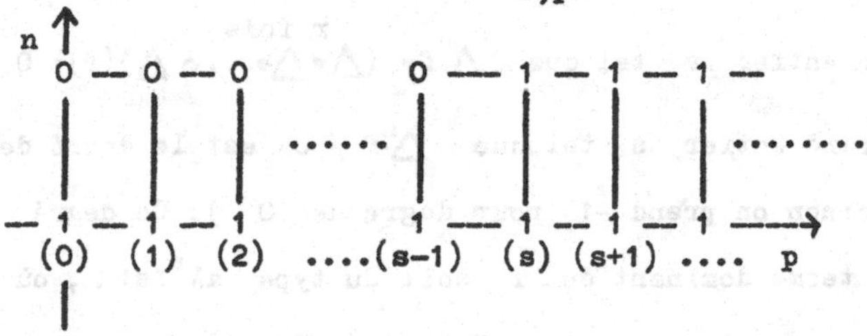

$r \geqslant t-s+1$

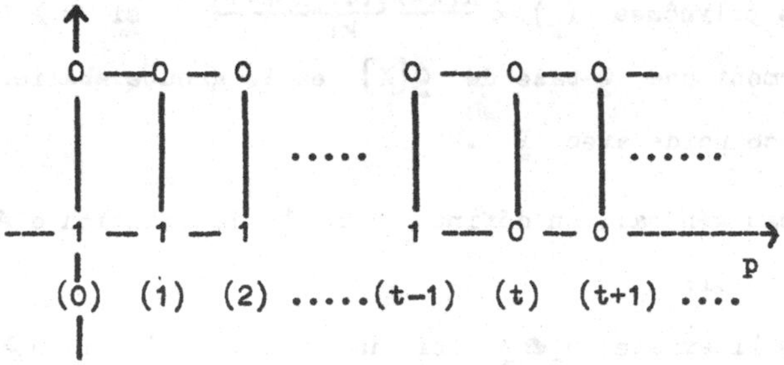

B) POLYNÔMES DE HILBERT-SAMUEL

1. Rappel sur les polynômes à valeurs entières

Soit $\underline{X}$ l'ensemble des applications de $\underline{Z}$ dans $\underline{Z}$ (ensemble des nombres entiers), $\underline{Q}[X]$ l'ensemble des polynômes en X à coefficients dans $\underline{Q}$ (ensemble des nombres rationnels) et $\underline{P}$ l'ensemble des fonctions de $\underline{X}$ qui sont définies par des polynômes de $\underline{Q}[X]$ (auxquels nous les identifierons).

Soit Δ l'endomorphisme de groupe abélien de $\underline{X}$ défini par: $(\Delta f)(n) = f(n+1) - f(n)$, où $f \in \underline{X}$. Les propositions suivantes sont alors équivalentes:

a) $f \in \underline{P}$

b) $\Delta f \in \underline{P}$

c) Il existe un entier r tel que $\Delta^r f = (\overbrace{\Delta \circ \Delta \circ \dots \circ \Delta}^{r \text{ fois}})(f) = 0$.

Le plus grand entier s tel que $\Delta^s f \neq 0$ est le degré de f (si $f \neq 0$, sinon on prend -1 pour degré de 0). Ce degré s est tel que le terme dominant de f soit du type $aX^s/s!$, où $a \in \underline{Z}$.

En outre, les polynômes $\binom{X}{k} = \frac{X(X-1)\dots(X-k+1)}{k!}$ si $k > 0$, et $\binom{X}{0} = 1$, forment une $\underline{Q}$-base de $\underline{Q}[X]$ et le groupe abélien qu'ils engendrent coincide avec $\underline{P}$.

Revenant au cas général, on définit dans $\underline{X}$ la relation d'équivalence R_∞ que voici:

$f \sim g \; (R_\infty) \Longleftrightarrow$ Il existe $n_0 \in \underline{Z}$ tel que $f(n) = g(n)$ si $n \geq n_0$.

Nous identifierons dans la suite $\underline{P}$ avec son image canonique dans $\underline{\underline{Y}} = \underline{\underline{X}}/R_\infty$ (image qui est isomorphe à $\underline{\underline{P}}$) et on dira qu'une fonction f de $\underline{\underline{X}}$ <u>est polynomiale</u> si elle est R_∞ -équivalente à une fonction de $\underline{\underline{P}}$. On remarquera que l'endomorphisme Δ passe au quotient dans $\underline{\underline{Y}}$, et ceci permet la traduction des critères précédents; les conditions suivantes sont équivalentes:

a) f est polynomial.

b) Δf est polynomial.

c) Il existe un entier r tel que $\Delta^r f$ soit R_∞ -équivalent à 0 .

2. <u>Fonctions additives sur les catégories de modules</u>

Soit C une catégorie abélienne (voir Grothendieck, Tôhoku Math. Jour., August 1957). <u>Une fonction additive</u> sur C est une application χ des objets de C dans un groupe abélien Γ telle que:

Si la suite $0 \longrightarrow M \longrightarrow N \longrightarrow P \longrightarrow 0$ de C est exacte, alors $\chi(N) = \chi(M) + \chi(P)$.

De la définition on déduit sans difficulté les deux propositions suivantes:

Si M est un module de C , et $0 \subset M_0 \subset M_1 \ldots \subset M_n = M$ une suite de composition de M formée d'objets de C , alors

$$\chi(M) = \sum_{i=1}^{i=n} \chi(M_i/M_{i-1}) .$$

Si $0 \longrightarrow M_1 \longrightarrow M_2 \longrightarrow \ldots\ldots \longrightarrow M_n \longrightarrow 0$ est une suite exacte de C , alors

$$\sum_{p=1}^{p=n} (-1)^p \chi(M_p) = 0$$

<u>Exemples:</u> a) C est la catégorie des groupes abéliens finis, Γ le groupe multiplicatif des nombres rationnels positifs et $\chi(M)$, pour $M \in C$, est l'ordre de M (nombre d'éléments).

b) A est un anneau (noethérien, à élément unité), C est la catégorie des A-modules (unitaires) de longueur finie et $\chi(M)$, pour $M \in C$, est la longueur $\ell(M)$ de M (ici $\Gamma = \underline{\underline{Z}}$).

c) A est un anneau gradué, C est la catégorie des modules gradués sur A de longueur finie, $\Gamma = \underline{\underline{Z}}$, et pour $M = (M_p)_{p \in \underline{\underline{Z}}}$,

$$\chi(M) = \sum_p (-1)^p \ell(M_p) \quad \text{(Caractéristique d'Euler-Poincaré).}$$

d) A est un anneau gradué réduit à son premier élément (i.e. $A_n = 0$ si $n > 0$), C est la catégorie définie dans c), D la catégorie des complexes $K = (K_p, d_p)$ de longueur finie sur A . On définit alors comme dans c):

$$\chi(K) = \sum_p (-1)^p \ell(K_p)$$

En outre, si H désigne le foncteur homologique et si $K \in D$, alors $H(K) \in C$ et il est bien connu que:

$$\chi(K) = \sum_p (-1)^p \ell(K_p) = \sum_p (-1)^p \ell(H_p(K)) = \chi(H(K)) .$$

Dans le cas où A est un anneau noethérien et $C = \underline{f}_A$ la catégorie des A-modules de type fini, tout objet M de C admet une suite de composition dont les facteurs sont isomorphes à des $A/\underline{p}$, où $\underline{p}$ est un idéal premier de A . Il en résulte que toute fonction additive χ sur $\underline{f}_A$ est connue dès que l'on connait les $\chi(A/\underline{p})$. Cette remarque nous servira par la suite.

3. Le polynôme caractéristique de Hilbert.

Dans ce paragraphe nous désignerons par H (H= Hilbert) un anneau gradué commutatif (H_n) $n \in \underline{\underline{Z}}$ tel que:

a) H_o est un anneau d'Artin (i.e. de longueur finie).

b) L'anneau H est engendré par H_o et un nombre fini d'éléments de H_1: $x_1,\ldots,x_r$.

Alors H est le quotient de l'anneau de polynômes $H_o[X_1,\ldots,X_r]$ par un idéal homogène (i.e. un idéal qui, avec tout polynôme contient les composantes homogènes de ce polynôme). En particulier H est noethérien et nous désignerons par $\underline{g}_H$ la sous-catégorie de $\underline{G}_H$ (cf. § A, n°4) dont les objets sont les H-modules gradués de type fini, et dont les morphismes $\varphi: M \longrightarrow N$ coincident avec ceux de $\underline{G}_H$, si M et N sont des objets de $\underline{g}_H$.

Tout module gradué $M = (M_n)$ de $\underline{g}_H$ est quotient d'une somme directe finie de modules gradués isomorphes à A (ou de modules obtenus à partir de A par translation de la graduation). En particulier tous les H_o-modules M_n sont de longueur finie et on peut définir la fonction caractéristique de Hilbert de M , $\chi(M,n)$, à l'aide des formules:

$$\chi(M,n) = 0 \text{ si } n < 0 \text{ , et } \chi(M,n) = \ell_{H_o}(M_n) \text{ si } n \geqslant 0 \text{ .}$$

La fonction $\chi(M,n)$ définit une application de $\underline{g}_H$ dans $\underline{\underline{X}}$ et cette application est manifestement une fonction additive sur g_H , à valeur dans le groupe additif de $\underline{\underline{X}}$.

L'image $Q(M,n)$ de $\chi(M,n)$ dans $\underline{\underline{Y}} = \underline{\underline{X}}/R_\infty$ définit encore une fonction additive sur g_H ; en fait $Q(M,n)$ est un polynôme:

<u>Théorème 2 (Hilbert)</u>: a) $Q(M,n)$ <u>est un polynôme en</u> n , <u>de degré inférieur ou égal à</u> $r-1$.

b) <u>Si en outre</u> M_o <u>engendre</u> M <u>comme</u> H-<u>module</u>, $\Delta^{r-1} Q(M,n) \leqslant \ell(M_o)$. <u>Enfin l'égalité n'a lieu que si</u> $Q(M,n) = \ell(M_o).\binom{n+r-1}{r-1}$ <u>et alors l'application canonique de</u> $H_o[X_1,\ldots,X_r]$ <u>sur</u> $H = H_o[X_1,\ldots,X_r]$ <u>induit un isomorphisme</u> $M \simeq M_o \otimes_{H_o} H_o[X_1,\ldots,X_r]$ <u>et réciproquement</u>.

a) La propriété est vraie si $r = 0$: en effet, M est alors un module de type fini sur H_o et est donc de longueur finie. Il en résulte que $M_n = 0$ pour n assez grand.

Supposons donc la propriété démontrée pour les modules gradués de type fini sur $H_o[X_1,\ldots,X_{r-1}]$ et démontrons la pour M , module gradué de type fini sur $H_o[X_1,\ldots,X_r]$. Soient N et R le noyau et le conoyau de l'homothétie φ définie par X_r dans M ; ce sont des modules gradués, et on a pour tout n :

$$0 \longrightarrow N_n \longrightarrow M_n \xrightarrow{\varphi} M_{n+1} \longrightarrow R_{n+1} \longrightarrow 0$$

D'où l'égalité:

$$Q(M,n+1) - Q(M,n) = \Delta Q(M,n) = Q(R,n+1) - Q(N,n) .$$

Mais X_r appartient aux annulateurs de R et N . Les modules R et N sont donc des modules gradués de type fini sur $H_o[X_1,\ldots,X_{r-1}]$ et le dernier membre de l'égalité est un polynôme, il en va donc de même du premier et aussi de $Q(M,n)$. Si $Q(R,n)$ et $Q(N,n)$ sont de degré inférieur à $r-2$, le degré de $Q(M,n)$ est inférieur à $r-1$.

b) L'application de $M_o[X_1,\ldots,X_r] = M_o \otimes_{H_o} H_o[X_1,\ldots,X_r]$ dans M est surjective. Si R est son noyau (gradué), on a donc la suite exacte:

$$0 \longrightarrow R_n \longrightarrow (M_o[X_1,\ldots,X_r])_n \longrightarrow M_n \longrightarrow 0$$

D'où $\ell(M_n) \leqslant \ell((M_o[X_1,\ldots,X_r])_n) = \ell(M_o).\binom{n+r-1}{r-1}$,

et $\Delta^{r-1} Q(M,n) \leqslant \ell(M_o)$.

Il est clair d'autre part que l'égalité a lieu si $R = 0$. Supposons donc $R \neq 0$: Comme $\ell(M_n) = \ell((M_o[X_1,\ldots,X_r])_n) - \ell(R_n)$, tout revient à montrer que pour tout sous-module gradué R non nul de $M_o[X_1,\ldots,X_r]$, on a $\Delta^{r-1} Q(R,n) > 0$.

Pour cela, soit $0 = M_o^o \subset M_o^1 \subset M_o^2 \subset \ldots \subset M_o^s = M_o$ une suite de Jordan-Holder de M_o et soit $R^i = R \cap M_o^i[X_1,\ldots,X_r]$.

Alors $Q(R,n) = \ell(R_n) = \sum_{i=1}^{i=s} \ell(R_n^i/R_n^{i-1})$. Mais si i est tel que $R^i \neq R^{i-1}$, R^i/R^{i-1} est un sous-module gradué différent de 0 de $(M_o^i/M_o^{i-1})\,[X_1,\ldots,X_r]$, et ce dernier module est isomorphe à $k[X_1,\ldots,X_r]$, où k est le corps $H_o/\underline{m}$ ($\underline{m}$ = annulateur de M_o^i/M_o^{i-1} dans H_o). Il en résulte que si R^i/R^{i-1} contient l'élément $f \neq 0$ et homogène de degré t , R^i/R^{i-1} contient $(f) = f.k\,[X_1,\ldots,X_r]$. D'où:

$$\ell((R^i/R^{i-1})_n) \geqslant \ell((f)_n) = \binom{n-t+r-1}{r-1} \quad \text{si } n \geqslant t .$$

Finalement,

$$Q\,(R,n) \geqslant \binom{n-t+r-1}{r-1} \quad \text{si } n \geqslant t \text{ , d'où le résultat.}$$

4. Les invariants de Hilbert-Samuel.

Soit A un anneau (noethérien, commutatif, à élément unité), M un A-module (unitaire, de type fini) et $\underline{q}$ un idéal de A tel que $M/\underline{q}M$ soit de longueur finie, c'est-à-dire tel que $V(M)\cap W(\underline{q})$ soit composé d'idéaux maximaux. Soit enfin $(M_n)_{n\in \mathbb{Z}}$ une filtration $\underline{q}$-bonne. Alors $M_n \supset \underline{q}^n M$ et $V(M/\underline{q}^n M) = V(M)\cap W(\underline{q}^n) = V(M)\cap W(\underline{q})$ est composé d'idéaux maximaux. Donc $M/\underline{q}^n M$ et, a fortiori, M/M_n sont des modules de longueur finie. Pour M fixé, $\ell(M/M_n)$ est une fonction à valeurs entières, définie sur $\mathbb{Z}$. En fait, on a le théorème:

Théorème 3 (Samuel): La fonction $\ell(M/M_n)$ est polynomiale et ne dépend que du gradué $G(M)$ associé à (M_n) .

En effet, soit $\underline{a}$ l'annulateur de M dans A, soit $B = A/\underline{a}$, et soit $\underline{p}$ l'image de $\underline{q}$ dans B. Si nous munissons B de la filtration $\underline{p}$-adique, le gradué $H = G(B)$ associé à B satisfait manifestement aux hypothèses du théorème de Hilbert. En outre, si $M_{n+1} = \underline{q}.M_n$ pour $n \geq n_o$, le gradué $G(M)$ associé au B-module M est engendré par $M_o/M_1 \oplus \dots \oplus M_{n_o}/M_{n_o+1}$, et est donc de type fini.

On a donc les relations:

$$\Delta \ell(M/M_n) = \ell(M/M_{n+1}) - \ell(M/M_n) = \ell(M_n/M_{n+1}) = \chi(G(M),n) \quad \text{et}$$
$$\ell(M/M_n) = \chi(G(M),1) + \chi(G(M),2) + \dots + \chi(G(M),n) .$$

D'où le théorème.

En fait, nous nous servirons surtout du théorème précédent dans le cas où la filtration de M est la filtration $\underline{q}$-adique. Nous noterons alors $P_{\underline{q}}(M,n)$ le polynôme qui est R_{∞}-équivalent à $\ell(M/\underline{q}^n M)$. Si $P((M_n),n)$ désigne de même le polynôme défini par une $\underline{q}$-bonne filtration de M, la proposition suivante étudie les liens entre $P_{\underline{q}}(M,n)$ et $P((M_n),n)$:

<u>Proposition 9</u>: a) <u>$P_{\underline{q}}(M,n) = P((M_n),n) + R(n)$, où $R(n)$ est un polynôme dont le terme de plus haut degré est positif et dont le degré est strictement inférieur à celui de $P_{\underline{q}}(M,n)$</u>.

b) <u>Si $\underline{a}$ est l'annulateur de M et si $\underline{p} = (\underline{a}+\underline{q})/\underline{a}$ est engendré par r éléments, le degré de $P_{\underline{q}}(M,n)$ est in-</u>

<u>férieur ou égal à</u> r <u>et</u> $\Delta^r P_{\underline{q}}(M,n) \leqslant \ell(M/\underline{q}M)$. <u>En outre,</u> <u>l'égalité n'a lieu que si</u> $G(M) \simeq (M/\underline{q}M) . [X_1,\ldots,X_r]$.
(L'isomorphisme est défini par l'application canonique φ de $(B/\underline{p})\ [X_1,\ldots,X_r]$ sur $G(B)$ déterminée par $\varphi(X_i)$ = image de x_i dans $G(B)$, où les $(X_1,\ldots,X_r)$ engendrent $\underline{p}$.)

a) En effet si n_o est tel que $M_{n+1} = M_n.\underline{q}$ si $n \geqslant n_o$, on a pour n grand, les inclusions:

$$\underline{q}^{n+n_o}.M \subset M_{n+n_o} = \underline{q}^n.M_{n_o} \subset \underline{q}^n.M \subset M_n \ .$$

D'où l'on déduit.

$$P_{\underline{q}}(M,n+n_o) \geqslant P((M_n), n+n_o) \geqslant P_{\underline{q}}(M,n) \geqslant P((M_n),n) \ .$$

Il en résulte que, pour n grand, $P_{\underline{q}}(M,n) - P((M_n),n)$ est positif et que les deux polynômes ont même terme de plus haut degré.

b) Cette assertion n'est qu'une traduction de la deuxième partie due théorème de Hilbert, si l'on remarque que le gradué $\bigoplus_n (\underline{q}^n M/\underline{q}^{n+1}M)$ est engendré par $M/\underline{q}.M$.

Une bonne partie de la suite du cours sera consacrée à l'étude du terme de plus haut degré du polynôme $P_{\underline{q}}(M,n)$. Nous aurons pour cela, besoin d'en connaitre quelques propriétés:

<u>Proposition 10 (Additivité):</u> <u>Si</u> $0 \longrightarrow N \longrightarrow M \longrightarrow P \longrightarrow 0$ <u>est une suite exacte de</u> A-<u>modules de type fini et si</u> $M/\underline{q}M$ <u>est de longueur finie, alors</u> $N/\underline{q}N$ <u>et</u> $P/\underline{q}P$ <u>sont de longueur finie et on a:</u>

$P_{\underline{q}}(M,n) + R(n) = P_{\underline{q}}(N,n) + P_{\underline{q}}(P,n)$, où $R(n)$ est un polynôme dont le terme de plus haut degré est positif et dont le degré est strictement inférieur à celui de $P_{\underline{q}}(N,n)$.

En effet, soit $N_n = N \cap \underline{q}^n M$, la filtration ainsi définie sur N_n est $\underline{q}$-bonne, et l'on a évidemment:

$$\ell(M/\underline{q}^n M) = \ell(P/\underline{q}^n P) + \ell(N/N_n) .$$

D'où $P_{\underline{q}}(M,n) = P_{\underline{q}}(P,n) + P((N_n),n)$.

L'assertion résulte alors de la comparaison entre $P((N_n),n)$ et $P_{\underline{q}}(N,n)$.

On a vu d'autre part que $P_{\underline{q}}(M,n)$ ne dépendait en fait que du gradué $G(M)$ associé à M . Si donc $G(\underline{q})$ désigne l'idéal que $\underline{q}$ engendre dans $G(A)$, si $\hat{M}$ et $\hat{\underline{q}}$ sont les complétés de M et $\underline{q}$, on a:

$$P_{\underline{q}}(M,n) = P_{\hat{\underline{q}}}(\hat{M},n) = P_{G(\underline{q})}(G(M),n) \quad \text{et}$$

$$\Delta P_{\underline{q}}(M,n) = Q(G(M),n)$$

De même si $\underline{a}$ désigne l'annulateur de M et si $\underline{b}$ est un idéal contenu dans $\underline{a}$, $\underline{b} \subset \underline{a}$, alors

$(\underline{q}+ \underline{b})^n \subset \underline{q}^n + \underline{b} \subset \underline{q}^n + \underline{a}$ et

$M/(\underline{q}+\underline{b})^n M = M/\underline{q}^n M$, c'est-à-dire $P_{\underline{q}}(M,n) = P_{\underline{q}+\underline{b}}(M,n)$.

Il en résulte la propriété suivante que nous utiliserons par la suite:

<u>Lemme</u>: <u>Le degré du polynôme</u> $P_{\underline{q}}(M,n)$ <u>ne dépend que de</u> M <u>et de</u> $V(M) \cap W(\underline{q})$.

Autrement dit, si $V(M) \cap W(\underline{q}) = V(M) \cap W(\underline{q}')$, alors

$$P_{\underline{q}}(M,n) = a \frac{x^r}{r!} + \dots \quad \text{et} \quad P_{\underline{q}'}(M,n) = a' \frac{x^{r'}}{r'!} + \dots$$

ont même degré: $r = r'$.

En effet,

$V(M) \cap W(\underline{q}) = W(\underline{q}+\underline{a}) = W(\underline{q}'+\underline{a})$ et $\underline{q} + \underline{a}$ contient une puissance $(\underline{q}'+\underline{a})^p$ de $\underline{q} + \underline{a}$ (cela résulte du lemme à la proposition 7, chap.I).

D'où:

$(\underline{q}'+\underline{a})^p \subset \underline{q} + \underline{a}$ et $(\underline{q}'+ \underline{a})^{pn} \subset (\underline{q} + \underline{a})^n$, c'est-à-dire

$P_{\underline{q}'+\underline{a}}(M,pn) \geqslant P_{\underline{q}+\underline{a}}(M,n)$, et $a' \frac{(pn)^{r'}}{r'!} \geqslant a \frac{n^r}{r!}$ pour n assez grand, c'est-à-dire $r' \geqslant r$.

En échangeant les rôles de $\underline{q}$ et $\underline{q}'$ on trouve de même $r' \leqslant r$, q.e.d.

Portons maintenant nos derniers efforts sur <u>la localisation</u>: soient $\underline{m}_1, \underline{m}_2, \dots, \underline{m}_s$ les idéaux premiers (maximaux) de $V(M) \cap W(\underline{q})$, et $T_i = A - \underline{m}_i$, $1 \leqslant i \leqslant s$. Alors $N = M/\underline{q}^n M$ est somme directe de sous-modules isomorphes à N_{T_i} (Prop.11 et Cor.1, chap.I).

Mais,

$(M/\underline{q}^n M)_{T_i} = M_{T_i}/(\underline{q}^n M)_{T_i} = M_{T_i} / \underline{q}^n_{T_i} M_{T_i}$ et finalement:

$$\ell(M/\underline{q}^n M) = \sum_{i=1}^{s} \ell(M/\underline{q}^n M)_{T_i} = \sum_{i=1}^{s} \ell(M_{T_i}/\underline{q}_{T_i}^n M_{T_i}) ,$$

ou

$$P_{\underline{q}}(M,n) = \sum_{i=1}^{s} P_{\underline{q}_{T_i}}(M_{T_i}, n) .$$

Il va de soi qu'aucun des polynômes $P_{\underline{q}_{T_i}}(M_{T_i}, n)$ n'est nul.

Par contre, si $\underline{m}$ est un idéal maximal de A distinct des $\underline{m}_i$, et si $T = A - \underline{m}$, T rencontre l'annulateur de $M/\underline{q}^n M$ et $P_{\underline{q}_T}(M_T,n)$ est nul.

D'où:

<u>Proposition 11</u>: a) $P_{\underline{q}}(M,n) = \sum_{T = A-\underline{m}} P_{\underline{q}_T}(M_T,n)$ <u>où $\underline{m}$ parcourt les idéaux maximaux de A. Le polynôme $P_{\underline{q}_T}(M_T,n)$ est nul si et seulement si $\underline{m} \notin V(M) \cap W(\underline{q})$.</u>

b) <u>Si S est une partie multiplicativement stable de A, on a:</u>

$$P_{\underline{q}_S}(M_S,n) = \sum_{\underline{m} \cap S = \emptyset} P_{\underline{q}_T}(M_T,n) \quad \underline{\text{avec}} \quad T = A - \underline{m} .$$

La seconde partie reste seule à démontrer. Mais, si $\underline{m}_1,\ldots,\underline{m}_t$ sont les idéaux maximaux de $V(M) \cap W(\underline{q})$ qui ne rencontrent pas S, et $\underline{m}_{t+1},\ldots,\underline{m}_s$ ceux qui rencontrent S, on a:

$$P_{\underline{q}_S}(M_S,n) = \sum_{i=1}^{t} P_{\underline{q}_{ST_i}}(M_{ST_i},n) = \sum_{i=1}^{t} P_{\underline{q}_{T_i}}(M_{T_i},n) ,$$

car: $\underline{q}_{ST_i} = \underline{q}_{T_i}$ et $M_{ST_i} = M_{T_i}$.

CHAPITRE III - THÉORIE DE LA DIMENSION

A - DIMENSION DES EXTENSIONS ENTIÈRES

1. Définitions.

Soit A un anneau (commutatif, à élément unité). On appelle chaîne d'idéaux premiers dans A toute suite finie croissante

(1) $$\mathfrak{p}_0 \subset \mathfrak{p}_1 \subset \cdots \subset \mathfrak{p}_r$$

d'idéaux premiers de A , telle que $\mathfrak{p}_i \neq \mathfrak{p}_{i+1}$ pour $0 \leqslant i \leqslant r-1$. L'entier r s'appelle la longueur de la chaîne; l'idéal $\mathfrak{p}_0$ (resp. $\mathfrak{p}_r$) s'appelle son origine (resp. son extrémité); on dit parfois que la chaîne (1) joint $\mathfrak{p}_0$ à $\mathfrak{p}_r$.

Les chaînes d'origine $\mathfrak{p}_0$ correspondent bijectivement aux chaînes de l'anneau $A/\mathfrak{p}_0$ d'origine (0) ; de même, celles d'extrémité $\mathfrak{p}_r$ correspondent à celles de l'anneau local $A_{\mathfrak{p}_r}$ d'extrémité l'idéal maximal de cet anneau. On peut ainsi ramener la plupart des questions relatives aux chaînes au cas particulier des anneaux locaux intègres.

On appelle dimension de A , et l'on note dim.A , la borne supérieure (finie ou infinie) des longueurs des chaînes d'idéaux premiers dans A . Un anneau artinien est de dimension zéro; l'anneau $\mathbb{Z}$ est de dimension 1 . Si k est un corps, on démontrera plus loin que l'anneau de polynômes $k[X_1,\ldots,X_n]$ est de dimension n ; il est clair dès à présent que sa dimension est $\geqslant n$, puisqu'il contient la chaîne de longueur n :

$$0 \subset (X_1) \subset (X_1,X_2) \subset \cdots \subset (X_1,\ldots,X_n) .$$

Si $\mathfrak{p}$ est un idéal premier de A , on appelle hauteur de $\mathfrak{p}$ la dimension de l'anneau local $A_{\underline{p}}$; c'est la borne supérieure des longueurs des chaînes d'idéaux premiers de A d'extrémité $\underline{p}$. Si $\underline{a}$ est un idéal de A , on appelle <u>cohauteur</u> de $\underline{a}$ la dimension de $A/\underline{a}$, et <u>hauteur</u> de $\underline{a}$ la borne inférieure des hauteurs des idéaux premiers $\underline{p}$ contenant $\underline{a}$. Si l'on note $W(\underline{a})$ l'ensemble de ces idéaux (cf. Chap.I), on a donc:

$$(2) \quad \mathrm{ht}(\underline{a}) = \operatorname*{Inf}_{\underline{p}\in W(\underline{a})} (\mathrm{ht}.\underline{p}) \ , \quad \mathrm{coht}(\underline{a}) = \operatorname*{Sup}_{\underline{p}\in W(\underline{a})} (\mathrm{coht}.\underline{p}) \ .$$

En particulier, on a $\mathrm{ht}.A = \dim.A$, et $\mathrm{coht}.A = -1$ (on convient en effet que le Sup d'une famille vide est égal à -1 , c'est la convention la plus commode ici).

Si $\underline{p}$ est un idéal premier, on a évidemment:

$$(3) \qquad \mathrm{ht}(\underline{p}) + \mathrm{coht}(\underline{p}) \leqslant \dim.A \ ,$$

mais l'égalité n'est pas nécessairement vraie, même si A est un anneau local noethérien intègre (Nagata).

La proposition suivante est immédiate:

<u>Proposition 1: Si</u> $\underline{a} \subset \underline{a}'$ <u>, on a</u> $\mathrm{ht}(\underline{a}) \leqslant \mathrm{ht}(\underline{a}')$, $\mathrm{coht}(\underline{a}) \geqslant \mathrm{coht}(\underline{a}')$. <u>Si</u> $\underline{a}'$ <u>n'est contenu dans aucun des idéaux premiers minimaux de</u> $\underline{a}$ <u>, on a</u>

$$\mathrm{coht}(\underline{a}) \geqslant \mathrm{coht}(\underline{a}') + 1 \ .$$

2. <u>Le premier théorème de Cohen-Seidenberg.</u>

Soit B un anneau contenant A et <u>entier</u> sur A . Cela signifie que tout élément x de B vérifie une "équation de dépendance intégrale":

$$(4) \qquad x^n + a_1x^{n-1} + \ldots + a_n = 0 \ , \text{ avec } a_i \in A \ .$$

Lemme 1: Supposons B intègre. Pour que ce soit un corps, il faut et il suffit que A en soit un.

Si A est un corps, tout $x \in B$ est contenu dans une A-algèbre intègre de type fini sur A (celle engendrée par les puissances de x), et l'on sait qu'une telle algèbre est un corps (Bourbaki, Alg.V, § 2, prop.1), d'où le résultat.

Supposons que B soit un corps, et soit a un élément non nul de A. Soit x son inverse dans B. L'élément x vérifie une équation (4), d'où

$$x = -(a_1 + a_2 a + \dots + a_n a^{n-1}) ,$$

et l'on a $x \in A$, cqfd.

Soient maintenant $\underline{p}$ et $\underline{p}'$ des idéaux premiers de A et B respectivement. On dira que $\underline{p}'$ est au-dessus de $\underline{p}$ si $\underline{p}' \cap A = \underline{p}$.

Proposition 2: (a) Pour tout idéal premier $\underline{p}$ de A, il existe un idéal premier $\underline{p}'$ de B qui est au-dessus de $\underline{p}$.

(b) Si $\underline{p}' \subset \underline{p}''$ sont deux idéaux premiers de B au-dessus du même idéal premier $\underline{p}$ de A, on a $\underline{p}' = \underline{p}''$.

(c) Si $\underline{p}'$ est au-dessus de $\underline{p}$, pour que $\underline{p}$ soit maximal, il faut et il suffit que $\underline{p}$ le soit.

L'assertion (c) résulte du lemme 1, appliqué à $A/\underline{p} \subset B/\underline{p}'$. L'assertion (b) résulte de (c), appliquée à $A_{\underline{p}} \subset B_{\underline{p}}$ (on note $B_{\underline{p}}$ l'anneau de fractions de B pour la partie multiplicative $A-\underline{p}$). Le même argument montre qu'il suffit de démontrer (a) lorsque A est local et $\underline{p}$ maximal; dans ce cas, on prend pour $\underline{p}'$ n'importe quel idéal maximal de B, et on applique le lemme 1.

Corollaire: (i) Si $\underline{p}'_0 \subset \ldots \subset \underline{p}'_r$ est une chaîne d'idéaux premiers de B , les $\underline{p}_i = \underline{p}'_i \cap A$ forment une chaîne d'idéaux premiers de A .

(ii) Inversement, soit $\underline{p}_0 \subset \ldots \subset \underline{p}_r$ une chaîne d'idéaux premiers de A , et soit $\underline{p}'_0$ au-dessus de $\underline{p}_0$. Il existe alors une chaîne $\underline{p}'_0 \subset \ldots \subset \underline{p}'_r$ dans B , d'origine $\underline{p}'_0$, qui est au-dessus de la chaîne donnée (i.e. on a $\underline{p}'_i \cap A = \underline{p}_i$ pour tout i).

La partie (i) résulte simplement du (b) de la prop.2. Pour (ii) on raisonne par récurrence sur r , le cas r = 0 étant trivial. Si $\underline{p}_0 \subset \ldots \subset \underline{p}_{r-1}$ est relevée en $\underline{p}'_0 \subset \ldots \subset \underline{p}'_{r-1}$, la prop.2, appliquée à $A/\underline{p}_{r-1} \subset B/\underline{p}'_{r-1}$, montre qu'il existe $\underline{p}'_r$ contenant $\underline{p}'_{r-1}$ et au-dessus de $\underline{p}_r$.

Proposition 3: On a dim.A = dim.B . Si $\underline{a}'$ est un idéal de B , et si $\underline{a} = \underline{a}' \cap A$, on a $\mathrm{ht}(\underline{a}') \leqslant \mathrm{ht}(\underline{a})$ et $\mathrm{coht}(\underline{a}') = \mathrm{coht}(\underline{a})$.

L'égalité dim.A = dim.B résulte du corollaire ci-dessus. On en déduit, en divisant par $\underline{a}'$ et $\underline{a}$, l'égalité $\mathrm{coht}(\underline{a}') = \mathrm{coht}(\underline{a})$. Quant à l'inégalité sur les hauteurs, elle est immédiate dans le cas où $\underline{p}'$ est premier, et le cas général se ramène tout de suite à celui-là.

3. Le second théorème de Cohen-Seidenberg.

Proposition 4: Soit A un anneau intègre et intégralement clos, soit K son corps des fractions, soit L une extension quasi-galoisienne de K (i.e. "normale" dans l'ancienne terminologie de Bourbaki, Alg. V, § 6), soit B la clôture intégrale de A dans L , soit G le groupe des K-automorphismes de L , et soit $\underline{p}$ un idéal premier de A . Le groupe G opère transitivement dans l'ensemble des idéaux premiers de B au-dessus de $\underline{p}$.

Supposons d'abord que G soit <u>fini</u>, et soient $\underline{q}$ et $\underline{q}'$ deux idéaux premiers au-dessus de $\underline{p}$. Les $g.\underline{q}$ sont au-dessus de $\underline{p}$ (g parcourant G), et il suffit de montrer que $\underline{q}'$ est contenu dans l'un d'eux (prop.2), ou même seulement dans leur réunion (cf. Chap.I, lemme 1). Soit donc $x \in \underline{q}'$. L'élément $y = \prod g(x)$ est invariant par G, donc radiciel sur K, et il existe une puissance q de l'exposant caractéristique de K, telle que $y^q \in K$. On a alors $y^q \in K \cap B = A$ (puisque A est intégralement clos). D'autre part $y^q \in \underline{q}' \cap A = \underline{p}$, ce qui montre que y^q est contenu dans $\underline{q}$. Il existe donc $g \in G$ tel que $g(x) \in \underline{q}$, d'où $x \in g^{-1}\underline{q}$, cqfd.

<u>Cas général</u>. Soient $\underline{q}$ et $\underline{q}'$ au-dessus de $\underline{p}$. Pour chaque sous-corps M de L, contenant K, quasi-galoisien et fini sur K, soit $G(M)$ le sous-ensemble de G formé des $g \in G$ qui transforment $\underline{q} \cap M$ en $\underline{q}' \cap M$. C'est évidemment un sous-ensemble <u>compact</u> de G, non vide d'après ce qu'on vient de voir. Comme les $G(M)$ forment une famille filtrante décroissante, leur intersection est non vide, cqfd.

<u>Proposition 5</u>: <u>Soit</u> A <u>un anneau intègre et intégralement clos</u>. <u>Soit</u> B <u>un anneau intègre</u>, <u>contenant</u> A, <u>et entier sur</u> A. <u>Soit</u> $\underline{p}_o \subset \dots \subset \underline{p}_r$ <u>une chaîne d'idéaux premiers de</u> A, <u>et soit</u> $\underline{p}'_r$ <u>au-dessus de</u> $\underline{p}_r$. <u>On peut alors trouver une chaîne</u> $\underline{p}'_o \subset \dots \subset \underline{p}'_r$ <u>dans</u> B, <u>au-dessus de la chaîne donnée</u>, <u>et d'extrémité</u> $\underline{p}'_r$.

(En fait, la proposition est valable si l'on remplace l'hypothèse " B est intègre" par la suivante "les éléments non nuls de A ne sont pas diviseurs de zéro dans B ").

Le corps des fractions de B est algébrique sur le corps des fractions K de A . Plongeons-le dans une extension quasi-galoisienne M de K , et soit C la clôture intégrale de A dans M . Soit $\underline{q}'_r$ un idéal premier de C au-dessus de $\underline{p}'_r$, et soit $\underline{q}_o \subset \ldots \subset \underline{q}_r$ une chaîne d'idéaux premiers de C au-dessus de $\underline{p}_o \subset \ldots \subset \underline{p}_r$. Si G désigne le groupe des K-automorphismes de M , la proposition 4 montre qu'il existe $g \in G$ tel que $g\underline{q}_r = \underline{q}'_r$; si l'on pose alors $\underline{q}'_i = g\underline{q}_i$, et $\underline{p}'_i = B \cap \underline{q}'_i$, il est clair que la chaîne $\underline{p}'_o \subset \ldots \subset \underline{p}'_r$ répond à la question.

<u>Corollaire:</u> <u>Soient</u> A <u>et</u> B <u>deux anneaux vérifiant les hypothèses de la proposition précédente;</u> <u>soit</u> $\underline{b}$ <u>un idéal de</u> B , <u>et soit</u> $\underline{a} = \underline{b} \cap A$. <u>On a</u>

$$ht(\underline{a}) = ht(\underline{b}) \quad .$$

Lorsque $\underline{b}$ est premier, cela résulte immédiatement de la proposition. Dans le cas général, soit $\underline{p}'$ premier contenant $\underline{b}$, et soit $\underline{p} = \underline{p}' \cap A$. D'après ce qui précède, on $ht(\underline{p}') = ht(\underline{p}) \geqslant ht(\underline{a})$. Comme $ht(\underline{b}) = \text{Inf}.ht(\underline{p}')$, on a $ht(\underline{b}) \geqslant ht(\underline{a})$, et, en comparant avec la proposition 3, on obtient l'égalité cherchée.

B - DIMENSION DANS LES ANNEAUX NOETHÉRIENS

1. <u>Dimension d'un module.</u>

Soit M un A-module, et soit $A_M = A/\text{Ann}(M)$ l'anneau des homothéties de M . On appelle <u>dimension de</u> M , et on note dim.M la dimension de l'anneau A_M . Lorsque M est de type fini, les idéaux premiers $\underline{p}$ de A contenant $\mathrm{Ann}(M)$ sont ceux qui appartiennent à la <u>variété</u> $V(M)$ de M (cf. Chap.I, n°5). On en conclut que dim.M est la borne supérieure des longueurs des chaînes d'idéaux premiers de $V(M)$ [ce que nous écrirons encore $\dim.M = \dim.V(M)$] , c'est-à-dire:

$$\dim.M = \mathrm{Sup.coht}(\underline{p}) \quad , \text{ pour } \underline{p} \in V(M) \quad .$$

Dans cette dernière formule, on peut évidemment se borner à considérer les idéaux premiers <u>minimaux</u> de $V(M)$.

2. <u>Le cas semi-local noethérien</u>.

A partir de maintenant, nous supposerons que A est <u>semi-local noethérien</u>; on notera $\underline{r}(A)$, ou seulement $\underline{r}$, son radical. Un idéal $\underline{q}$ de A est appelé un <u>idéal de définition</u> de A s'il est contenu dans $\underline{r}$, et s'il contient une puissance de $\underline{r}$ (ce qui équivaut à dire que $A/\underline{q}$ est de longueur finie).

Soit M un A-module de type fini. Si $\underline{q}$ est un idéal de définition de A , $M/\underline{q}M$ est de longueur finie, ce qui permet de définir le polynôme de Hilbert-Samuel $P_{\underline{q}}(M,n)$ de M ; si $\underline{q} \supset \underline{q}'$, on a $P_{\underline{q}}(M,n) \leqslant P_{\underline{q}'}(M,n)$ pour n assez grand; comme $\underline{q}' \supset \underline{q}^m$ pour m convenable, on en tire $P_{\underline{q}'}(M,n) \leqslant P_{\underline{q}}(M,nm)$ pour n assez grand, ce qui montre que le degré de $P_{\underline{q}}(M)$ ne dépend pas de $\underline{q}$. On le notera $d(M)$.

Enfin, nous noterons $s(M)$ la borne inférieure des entiers n tels qu'il existe $x_1,\ldots,x_n \in \underline{r}(A)$ avec $M/(x_1,\ldots,x_n)M$ de longueur finie.

<u>Théorème 1</u>: <u>Si</u> M <u>est un module de type fini sur un anneau semi-local noethérien</u> A , <u>on a</u> $\dim.M = d(M) = s(M)$.

Etablissons d'abord un lemme:

<u>Lemme 2</u>: <u>Soit</u> $x \in \underline{r}$, <u>et soit</u> ${}_{x}M$ <u>le sous-module de</u> M <u>formé des éléments annulés par</u> x .

a) <u>On a</u> $s(M) \leqslant s(M/xM) + 1$.

b) <u>Soient</u> $\underline{p}_i$ <u>les idéaux premiers de</u> $V(M)$ <u>tels que</u> $\dim.A/\underline{p}_i = \dim.M$. <u>Si</u> $x \notin \underline{p}_i$ <u>pour tout</u> i , <u>on a</u> $\dim.M/xM \leqslant \dim.M - 1$.

c) <u>Si</u> $\underline{q}$ <u>est un idéal de définition de</u> A , <u>le polynôme</u>

$$P_{\underline{q}}({}_{x}M) - P_{\underline{q}}(M/xM)$$

<u>est de degré</u> $\leqslant d(M) - 1$.

Les assertions a) et b) sont triviales. L'assertion c) résulte des suites exactes

$$0 \longrightarrow {}_{x}M \longrightarrow M \longrightarrow xM \longrightarrow 0$$

$$0 \longrightarrow xM \longrightarrow M \longrightarrow M/xM \longrightarrow 0$$

auxquelles on applique la proposition 10 du Chap.II. On va maintenant démontrer le théorème 1 par un raisonnement "en cercle" :

i) <u>On a</u> $\dim.M \leqslant d(M)$.

On raisonne par récurrence sur $d(M)$, à partir du cas $d(M) = 0$ qui est trivial. Supposons donc $d(M) \geqslant 1$, et soit $\underline{p}_0 \in V(M)$ tel que $\dim.A/\underline{p}_0 = \dim.M$; on peut supposer $\underline{p}_0$ minimal dans $V(M)$, et M contient un sous-module N isomorphe à $A/\underline{p}_0$; comme $d(M) \geqslant d(N)$, on est ramené à prouver notre assertion pour N .

Soit alors $\underline{p}_0 \subset \underline{p}_1 \subset \ldots \subset \underline{p}_n$ une chaîne d'idéaux premiers dans A . On doit montrer que $n \leqslant d(N)$. C'est clair si $n = 0$. Sinon, on peut choisir $x \in \underline{p}_1 \cap \underline{r}$, avec $x \notin \underline{p}_0$. Comme la chaîne $\underline{p}_1 \subset \ldots \subset \underline{p}_n$

appartient à $V(N/xN)$, le lemme 2 montre que $\dim.N/xN = \dim.N-1$, et que $d(N/xN) \leqslant d(N)-1$, d'où notre assertion en vertu de l'hypothèse de récurrence appliquée à N/xN .

ii) <u>On a</u> $d(M) \leqslant s(M)$.

Soit $\underline{a} = (x_1,\ldots,x_n)$, avec $\underline{a} \subset \underline{r}$, et $M/\underline{a}M$ de longueur finie. L'idéal $\underline{q} = \underline{a} + \underline{r} \cap \mathrm{Ann}(M)$ est alors un idéal de définition de A , et $P_{\underline{a}}(M) = P_{\underline{q}}(M)$. D'après la proposition 9 du chapitre précédent, le degré de $P_{\underline{a}}(M)$ est $\leqslant n$, d'où $d(M) \leqslant s(M)$.

iii) <u>On a</u> $s(M) \leqslant \dim.M$.

On raisonne par récurrence sur $n = \dim.M$ [qui est fini, d'après i)] . Supposons $n \geqslant 1$, et soient $\underline{p}_i$ les idéaux premiers de $V(M)$ tels que $\dim.A/\underline{p}_i = n$; ces idéaux sont minimaux dans $V(M)$, donc en nombre fini. Ils ne sont pas maximaux puisque $n \geqslant 1$. Il existe donc $x \in \underline{r}$, tel que $x \notin \underline{p}_i$ pour tout i . Le lemme 2 montre que $s(M) \leqslant s(M/xM) + 1$, et $\dim.M \geqslant \dim.M/xM + 1$. Par hypothèse de récurrence, on a $s(M/xM) \leqslant \dim.M/xM$, d'où le résultat cherché, cqfd.

Le théorème ci-dessus est le principal résultat de la théorie de la dimension. On en tire notamment:

<u>Corollaire 1:</u> <u>On a</u> $\dim.\hat{M} = \dim.M$.

Il est en effet clair que $d(M)$ ne change pas par complétion.

<u>Corollaire 2:</u> <u>La dimension d'un anneau semi-local noethérien A est finie. Cette dimension est égale au nombre minimum d'éléments de $\underline{r}(A)$ engendrant un idéal de définition.</u>

C'est l'égalité $\dim.M = s(M)$ pour $M = A$.

<u>Corollaire 3:</u> <u>Les idéaux premiers d'un anneau noethérien vérifient</u>

la condition des chaînes descendantes.

Par localisation, on se ramène au cas local, où notre assertion résulte du corollaire 2.

Corollaire 4: Soit A un anneau noethérien, soit $\underline{p}$ un idéal premier de A, et soit n un entier. Les deux conditions suivantes sont équivalentes:

(i) $ht(\underline{p}) \leqslant n$.

(ii) Il existe un idéal $\underline{a}$ de A, engendré par n éléments, tel que $\underline{p}$ soit un élément minimal de $V(\underline{a})$.

Si (ii) est vérifiée, l'idéal $\underline{a}A_{\underline{p}}$ est un idéal de définition de $A_{\underline{p}}$, d'où (i) . Inversement, si (i) est vérifié, il existe un idéal de définition $\underline{b}$ de $A_{\underline{p}}$ engendré par n éléments x_i/s , $s \in A-\underline{p}$. L'idéal $\underline{a}$ engendré par les x_i vérifie alors (ii) .

[Pour $n = 1$ on retrouve le "Hauptidealsatz" de Krull.]

Corollaire 5: Soit A un anneau semi-local noethérien, et soit M un A-module de type fini. Soient $\underline{p}_i$ les idéaux premiers de $V(M)$ tels que $\dim.A/\underline{p}_i = \dim.M$. Si $x \in \underline{r}(A)$, on a $\dim(M/xM) \geqslant \dim.M-1$ et il y a égalité si et seulement si x n'appartient à aucun des $\underline{p}_i$.

Cela résulte du lemme 2, combiné avec les égalités $\dim.M = s(M)$ et $\dim(M/xM) = s(M/xM)$.

3. Systèmes de paramètres.

Soit A un anneau semi-local noethérien, et soit M un A-module de dimension n . Une famille $(x_1,\ldots,x_s)$ d'éléments de $\underline{r}(A)$ est appelée un système de paramètres pour M si $M/(x_1,\ldots,x_s)M$ est de longueur finie, et si $s = n$. D'après le théorème 1, il existe toujours de tels systèmes.

<u>Proposition 6</u>: <u>Soient</u> $x_1,\dots,x_k$ <u>des éléments de</u> $\underline{r}$. <u>On a alors</u>:

$$\dim . M/(x_1,\dots,x_k)M + k \geqslant \dim . M .$$

<u>Pour qu'il y ait égalité, il faut et il suffit que</u> $x_1,\dots,x_k$ <u>fassent partie d'un système de paramètres de</u> M .

L'inégalité résulte du lemme 2, itéré k fois. S'il y a égalité, et si $x_{k+1},\dots,x_n$ $(n = \dim . M)$ est un système de paramètres de $M/(x_1,\dots,x_k)M$, le quotient $M/(x_1,\dots,x_n)M$ est de longueur finie, ce qui montre que $x_1,\dots,x_n$ est un système de paramètres de M . Inversement, si $x_1,\dots,x_n$ est un système de paramètres de M , on a $n-k \geqslant \dim . M/(x_1,\dots,x_k)M$, cqfd.

<u>Proposition 7</u>: <u>Soient</u> $x_1,\dots,x_k \in \underline{r}(A)$. <u>Les conditions suivantes sont équivalentes</u>:

(a) <u>Les</u> x_i <u>forment un système de paramètres de</u> M .

(b) <u>Les</u> x_i <u>forment un système de paramètres de</u> $\hat{M}$.

(c) <u>Les</u> x_i <u>forment un système de paramètres de</u> $A_M = A/\mathrm{Ann}(M)$.

C'est évident.

C - ANNEAUX NORMAUX

1. <u>Caractérisation des anneaux normaux</u>.

Un anneau A sera dit <u>normal</u> s'il est noethérien, intègre, et intégralement clos (dans son corps des fractions). Par exemple, tout anneau principal est normal; si K est un corps, l'anneau de séries formelles $K[[X_1,\dots,X_n]]$ et l'anneau de polynômes $K[X_1,\dots,X_n]$ sont des anneaux normaux.

On rappelle d'autre part qu'un anneau A est appelé un <u>anneau de valuation discrète</u> s'il est principal, et s'il possède une seule classe d'éléments extrémaux; c'est un anneau local.

<u>Proposition 8</u>: <u>Soit</u> A <u>un anneau local intègre noethérien, d'idéal maximal</u> $\underline{m}$. <u>Les conditions suivantes sont équivalentes</u>:

(i) A <u>est un anneau de valuation discrète</u>.

(ii) A <u>est normal et de dimension</u> 1 .

(iii) A <u>est normal, et il existe un élément</u> $a \neq 0$ <u>dans</u> $\underline{m}$ <u>qui engendre un idéal</u> $\underline{m}$<u>-primaire</u>.

(iv) <u>L'idéal</u> $\underline{m}$ <u>est principal et non nul</u>.

(i) $\Longrightarrow$ (ii) est trivial.

(ii) $\Longrightarrow$ (iii) car si a est un élément non nul de $\underline{m}$, l'idéal $\underline{m}$ est le seul idéal premier de A contenant aA , et aA est donc bien $\underline{m}$-primaire.

(iii) $\Longrightarrow$ (iv). Puisque $\underline{m}$ est un idéal premier "essentiel" de aA , il existe $x \in A$, $x \notin aA$, tel que $\underline{m}x \subset aA$. On a donc $\underline{m}xa^{-1} \subset A$ et $xa^{-1} \notin A$. Si l'idéal $\underline{m}xa^{-1}$ était contenu dans $\underline{m}$, comme $\underline{m}$ est de type fini, on en conclurait que xa^{-1} est entier sur A , ce qui serait contraire à l'hypothèse de normalité. Il existe donc $t \in \underline{m}$ tel que txa^{-1} soit un élément inversible u de A . Si y est un élément de $\underline{m}$, on a $y = (yxa^{-1})u^{-1}t$, ce qui montre que $\underline{m} = tA$, d'où (iv) .

(iv) $\Longrightarrow$ (i). Si $\underline{m} = tA$, on a $\underline{m}^n = t^nA$, et comme $\bigcap \underline{m}^n = 0$, pour tout élément non nul y de A il existe n tel que $y \in \underline{m}^n$ et $y \notin \underline{m}^{n+1}$. On a donc $y = t^n u$, avec u inversible dans A , d'où $yA = t^nA$; comme tout idéal de A est somme d'idéaux principaux, on en conclut aisément que tout idéal de A est de la forme t^nA , d'où (i) .

<u>Proposition 9</u>: <u>Soit</u> A <u>un anneau intègre noethérien</u>. <u>Pour que</u> A <u>soit normal, il faut et il suffit qu'il vérifie les deux conditions suivantes</u>:

(a) <u>Si</u> $\underline{p}$ <u>est un idéal premier de hauteur</u> 1 <u>de</u> A , <u>l'anneau local</u> $A_{\underline{p}}$ <u>est un anneau de valuation discrète</u>.

(b) <u>Les idéaux premiers essentiels de tout idéal principal non nul de</u> A <u>sont de hauteur</u> 1 .

Si A est normal, il en est de même de ses localisés $A_{\underline{p}}$; si $\underline{p}$ est de hauteur 1 , on a $\dim(A_{\underline{p}}) = 1$, et la proposition 8 montre que $A_{\underline{p}}$ est un anneau de valuation discrète. De plus, si $a \neq 0$, et si $\underline{p} \in \mathrm{Ass}(A/aA)$, la proposition 8, appliquée à $A_{\underline{p}}$, montre que $A_{\underline{p}}$ est un anneau de valuation discrète, et c'est en particulier un anneau de dimension 1, d'où $\mathrm{ht}(\underline{p}) = 1$.

Réciproquement, supposons (a) et (b) vérifiés, et soit K le corps des fractions de A . Soit $x = b/a$ un élément de K ; supposons que x appartienne à tous les $A_{\underline{p}}$, pour $\mathrm{ht}(\underline{p}) = 1$; on a donc $b \in aA_{\underline{p}}$ pour $\mathrm{ht}(\underline{p}) = 1$, et d'après (b) ceci entraîne $b \in aA$, d'où $x \in A$. Ainsi, on a $A = \bigcap A_{\underline{p}}$, pour $\mathrm{ht}(\underline{p}) = 1$. Comme les $A_{\underline{p}}$ sont normaux, il en est de même de leur intersection, cqfd.

Remarque: La démonstration précédente montre que la condition (b) équivaut à la formule $A = \bigcap A_{\underline{p}}$ pour $ht(\underline{p}) = 1$.

Corollaire: Si A est normal, et si $\underline{p}$ est un idéal premier de hauteur 1 de A , les seuls idéaux primaires pour $\underline{p}$ sont les "puissances symboliques" $\underline{p}^{(n)}$, définies par la formule
$\underline{p}^{(n)} = \underline{p}^n A_{\underline{p}} \cap A \quad (n \geq 1)$.

En effet, les idéaux $\underline{p}$-primaires de A correspondent bijectivement aux idéaux $\underline{p}A_{\underline{p}}$-primaires de $A_{\underline{p}}$, lesquels sont évidemment de la forme $\underline{p}^n A_{\underline{p}}$, $n \geq 1$, puisque $A_{\underline{p}}$ est un anneau de valuation discrète.

2. Propriétés des anneaux normaux.

Pour un exposé systématique (dans un cadre un peu plus large, celui des "anneaux de Krull"), on renvoie à l'Idealtheorie de Krull, ou à l'Algèbre commutative de Bourbaki. On va se borner à résumer les principaux résultats.

Soit A un anneau normal, et soit K son corps des fractions. Si $\underline{p}$ est un idéal premier de A de hauteur 1, on notera $v_{\underline{p}}$ la valuation discrète normée associée à l'anneau $A_{\underline{p}}$; les éléments $x \in A$ tels que $v_{\underline{p}} \geq n$ forment l'idéal $\underline{p}^{(n)}$. Si $x \neq 0$, l'idéal Ax n'est contenu que dans un nombre fini d'idéaux premiers de hauteur 1 ; on a donc $v_{\underline{p}}(x) = 0$ pour presque tout $\underline{p}$, et cette relation s'étend aussitôt aux éléments x de K^* . Les valuations $v_{\underline{p}}$ vérifient en outre le théorème d'approximation suivant:

Proposition 10: Soient $\underline{p}_i$, $1 \leq i \leq k$, des idéaux premiers de

<u>hauteur</u> 1 <u>de</u> K , <u>deux à deux distincts, et soient</u> $n_i \in \underline{\mathbb{Z}}$, $1 \leqslant i \leqslant k$. <u>Il existe alors</u> $x \in K^*$ <u>tel que</u>:

$$v_{\underline{p}_i}(x) = n_i \quad (1 \leqslant i \leqslant k) \quad \underline{\text{et}} \quad v_{\underline{p}}(x) \geqslant 0 \quad \underline{\text{pour}} \quad \underline{p} \neq \underline{p}_1, \ldots, \underline{p}_k \ .$$

Supposons d'abord tous les $n_i \geqslant 0$, et soit $S = \bigcap (A - \underline{p}_i)$. Soit $B = A_S$. Il est clair que l'anneau B est un anneau semi-local, dont les idéaux maximaux sont les $\underline{p}_i B$, et les anneaux locaux correspondants les $A_{\underline{p}_i}$. Comme ces derniers sont principaux, il en résulte facilement que B est lui-même principal; si x/s , $s \in S$, est un générateur de l'idéal $\underline{p}_1^{n_1} \ldots \underline{p}_k^{n_k} B$, on voit tout de suite que x répond à la question.

Dans le cas général, on choisit d'abord un $y \in K^*$ tel que les entiers $m_i = v_{\underline{p}_i}(y)$ soient $\leqslant n_i$. Soient $\underline{q}_1, \ldots, \underline{q}_r$ les idéaux premiers de hauteur 1 de A , autres que les $\underline{p}_i$, tels que $v_{\underline{q}_j}(y)$ soit < 0 , et posons $s_j = -v_{\underline{q}_j}(y)$. D'après la première partie de la démonstration, il existe un $z \in A$ tel que $v_{\underline{p}_i}(z) = n_i - m_i$ et $v_{\underline{q}_j}(z) = s_j$. L'élément $x = yz$ répond alors à la question, cqfd.

Un idéal $\underline{a}$ de A est dit <u>divisoriel</u> si ses idéaux premiers essentiels sont tous de hauteur 1 ; en vertu du corollaire à la proposition 9, il revient au même de dire que $\underline{a}$ est de la forme $\bigcap \underline{p}_i^{(n_i)}$, avec $n_i \geqslant 0$ et $ht(\underline{p}_i) = 1$; on a donc $x \in \underline{a}$ si et seulement si $x \in A$ et $v_{\underline{p}_i}(x) \geqslant n_i$ pour tout i . On étend immédiatement cette définition aux idéaux fractionnaires non nuls de K par rapport à A . Les idéaux divisoriels correspondent bijectivement aux <u>diviseurs</u> de A , c'est-à-dire aux éléments du groupe abélien libre engendré par les idéaux premiers de hauteur 1 . Tout idéal principal est divisoriel, et le diviseur correspondant est dit principal (ce qui permet de définir un groupe de classes de diviseurs).

Un anneau A est appelé un anneau de Dedekind s'il est normal et de dimension $\leqslant 1$. Ses idéaux premiers de hauteur 1 sont alors maximaux, et l'on a $\underline{p}^{(n)} = \underline{p}^n$. Tout idéal non nul est divisoriel.

Un anneau noethérien A est dit factoriel s'il est normal et si ses idéaux divisoriels sont tous principaux (il suffit d'ailleurs que ses idéaux premiers de hauteur 1 le soient); il revient au même de dire que deux éléments de A admettent un pgcd. Tout élément de A se décompose à la façon habituelle:

$$x = u\pi_1^{n_1} \dots \pi_k^{n_k} ,$$

où u est inversible et les π_i irréductibles; cette décomposition est essentiellement unique.

3. Fermeture intégrale.

Proposition 11: Soit A un anneau normal, de corps des fractions K, et soit L une extension finie séparable de K. La fermeture intégrale B de A dans L est un anneau normal, qui est un A-module de type fini.

Soit Tr(y) la trace dans l'extension L/K d'un élément y de L. On sait que $Tr(y) \in A$ si $y \in B$; de plus, puisque L/K est séparable, la forme A-bilinéaire Tr(xy) est non dégénérée sur L. Soit B^* l'ensemble des $y \in L$ tels que $Tr(xy) \in A$ pour tout $y \in B$; du fait que B contient un sous-module libre E de rang $[L:K]$, B^* est

contenu dans E^* qui est libre, et comme $B \subset B^*$, B est également un A—module de type fini; en particulier, B est un anneau
noethérien, donc un anneau normal, cqfd.

Remarques:

1) L'ensemble B^* est un idéal fractionnaire de L par rapport
à B , que l'on appelle <u>différente inverse</u> de B par rapport à A .
Il est facile de voir que c'est un <u>idéal divisoriel</u> de L , et on
peut donc le déterminer par localisation en les idéaux premiers de
hauteur 1. On est ainsi ramené au cas des anneaux de valuation discrète, pour lesquels on définit en outre discriminant, groupes de
ramification, etc.

2) Lorsque l'extension L/K n'est plus supposée séparable, il
peut se faire que l'anneau B ne soit pas noethérien (et <u>a fortiori</u>
ne soit pas un A—module de type fini): on en trouvera un exemple dans
Nagata (<u>Note on integral closures of Noetherian domains</u>, Mem. Kyoto,
t.28, 1953).

D - ANNEAUX DE POLYNÔMES

1. <u>Dimension de l'anneau</u> $A[X_1, \ldots, X_n]$.

<u>Lemme 3</u>: <u>Soit</u> A <u>un anneau, soit</u> $B = A[X]$, <u>soient</u> $\underline{p}' \subset \underline{p}''$
<u>deux idéaux premiers de</u> B , <u>distincts, tels que</u> $\underline{p}' \cap A$ <u>et</u> $\underline{p}'' \cap A$
<u>soient égaux au même idéal premier</u> $\underline{p}$ <u>de</u> A . <u>Alors</u> $\underline{p}' = \underline{p}B$.

En divisant par $\underline{p}B$, on se ramène au cas où $\underline{p} = 0$. En localisant ensuite par rapport à $S = A - \{0\}$, on se ramène au cas où A est un corps, et le lemme est alors évident, $A[X]$ étant principal.

<u>Proposition 12:</u> <u>La dimension de</u> $A[X]$ <u>est comprise entre</u> $\dim(A) + 1$ <u>et</u> $2 \dim(A) + 1$.

Si $\underline{p}_0 \subset \ldots \subset \underline{p}_r$ est une chaîne d'idéaux premiers de A , on pose $\underline{p}'_i = \underline{p}_i B$, $\underline{p}'_{r+1} = \underline{p}_i B + XB$, et l'on obtient une chaîne d'idéaux premiers de B de longueur $r+1$. Donc $\dim(B) \geqslant \dim(A) + 1$.

Si maintenant $\underline{p}'_0 \subset \ldots \subset \underline{p}'_s$ est une chaîne d'idéaux premiers de B , et si l'on pose $\underline{p}_i = \underline{p}'_i \cap A$, le lemme ci-dessus montre que l'on ne peut pas avoir $\underline{p}_i = \underline{p}_{i+1} = \underline{p}_{i+2}$. On peut donc extraire de la suite des $\underline{p}_i$ une chaîne comprenant au moins $(s+1)/2$ éléments, c'est-à-dire de longueur au moins $(s-1)/2$; d'où $(s-1)/2 \leqslant \dim(A)$, cqfd.

<u>Remarque:</u>

Il y a des exemples de Seidenberg montrant que $\dim(B)$ peut effectivement prendre toute valeur intermédiaire entre $\dim(A) + 1$ et $2 \dim(A) + 1$. Voir également P. Jaffard, <u>Théorie de la dimension dans les anneaux de polynômes</u> (Mémorial Sci. Math., n°146, 1960). Toutefois, dans le cas noethérien, nous allons voir que l'on a nécessairement $\dim(B) = \dim(A) + 1$.

Dans les deux lemmes ci-dessous, on pose $B = A[X]$. Si $\underline{a}$ désigne un idéal de A , on note $\underline{a}'$ l'idéal $\underline{a}B = \underline{a} \otimes_A B$.

<u>Lemme 4:</u> <u>Soit</u> $\underline{a}$ <u>un idéal de</u> A , <u>et soit</u> $\underline{p}$ <u>un idéal premier de</u> A <u>minimal dans</u> $W(\underline{a})$. <u>Alors</u> $\underline{p}'$ <u>est un idéal premier de</u> B <u>minimal dans</u> $W(\underline{a}')$.

On peut évidemment supposer $\underline{a} = 0$. Si $\underline{p}'$ n'était pas minimal, il contiendrait strictement un idéal premier $\underline{q}$. Comme $\underline{p}' \cap A = \underline{p}$ est minimal dans A , on a nécessairement $\underline{q} \cap A = \underline{p}$, et l'on obtient une contradiction avec le lemme 3.

<u>Lemme 5</u>: <u>Supposons</u> A <u>noethérien. Si</u> $\underline{p}$ <u>est un idéal premier de</u> A , <u>on a</u> $ht(\underline{p}) = ht(\underline{p}')$.

Soit $n = ht(\underline{p})$. D'après le corollaire 4 du théorème 1, il existe un idéal $\underline{a}$ de A , engendré par n éléments, tel que $\underline{p}$ soit élément minimal de $W(\underline{a})$. D'après le lemme précédent, $\underline{p}'$ est élément minimal de $W(\underline{a}')$, et le corollaire 4 du théorème 1 montre que $ht(\underline{p}') \leqslant n$. L'inégalité opposée résulte de ce que toute chaîne $\{\underline{p}_i\}$ d'idéaux premiers d'extrémité $\underline{p}$ définit dans B une chaîne $\{\underline{p}'_i\}$ de même longueur et d'extrémité $\underline{p}'$.

<u>Proposition 13</u>: <u>Si</u> A <u>est noethérien, on a</u> $\dim(A[X_1,\ldots,X_n]) = \dim(A)+n$

Il suffit évidemment de prouver ce résultat pour $A[X]$. On sait déjà que $\dim(A[X]) \geqslant \dim(A) + 1$, et il s'agit de prouver la réciproque. Soit donc $\underline{p}'_0 \subset \ldots \subset \underline{p}'_r$ une chaîne d'idéaux premiers de $B = A[X]$, et soient $\underline{p}_i = \underline{p}'_i \cap A$. Si les $\underline{p}_i$ sont distincts, on a $r \leqslant \dim(A)$. Sinon, soit j le plus grand entier tel que $\underline{p}_j = \underline{p}_{j+1}$. Vu le lemme 3, on a $\underline{p}'_j = \underline{p}_j B$, d'où (lemme 4) $ht(\underline{p}'_j) = ht(\underline{p}_j)$, et comme $ht(\underline{p}'_j) \geqslant j$, on a $ht(\underline{p}_j) \geqslant j$. Mais d'autre part, $\underline{p}_j \subset \underline{p}_{j+2} \subset \ldots \subset \underline{p}_r$ est une chaîne d'idéaux premiers dans A . On a donc $r-j-1 + ht(\underline{p}_j) \leqslant \dim(A)$, d'où $r-1 \leqslant \dim(A)$, cqfd.

2. Le lemme de normalisation.

Dans tout ce qui suit, k désigne un corps. Une k-algèbre A est dite de type fini si elle est engendrée (comme k-algèbre) par un nombre fini d'éléments x_i ; il revient au même de dire qu'il existe un homomorphisme surjectif

$$k[X_1, \dots, X_n] \to A .$$

Théorème 2: Soit A une k-algèbre de type fini, et soit $\underline{a}_1 \subset \dots \subset \underline{a}_p$ une suite croissante d'idéaux de A, avec $\underline{a}_p \neq A$.

Il existe alors des éléments $x_1, \dots, x_n$ de A, algébriquement indépendants sur k, et tels que:

a) A soit entier sur $B = k[x_1, \dots, x_n]$.

b) Pour tout i, $1 \leqslant i \leqslant p$, il existe un entier $h(i) \geqslant 0$ tel que $\underline{a}_i \cap B$ soit engendré par $(x_1, \dots, x_{h(i)})$.

Remarquons d'abord qu'il suffit de démontrer le théorème lorsque A est une algèbre de polynômes $k[Y_1, \dots, Y_m]$. En effet, on peut écrire A comme quotient d'une telle algèbre A' par un idéal $\underline{a}'_0$; notons $\underline{a}'_i$ l'image réciproque de $\underline{a}_i$ dans A', et soient x'_i des éléments de A' vérifiant les conditions du théorème vis-à-vis de la suite $\underline{a}'_0 \subset \underline{a}'_1 \subset \dots \subset \underline{a}'_p$. Il est alors clair que les images dans A des x'_i, où $i > h(0)$, vérifient les conditions voulues.

Nous supposerons donc dans tout ce qui suit que $A = k[Y_1, \dots, Y_m]$, et nous raisonnerons par récurrence sur p.

A) $p = 1$. Distinguons deux cas:

A 1) L'idéal $\underline{a}_1$ est un idéal principal, engendré par $x_1 \notin k$.

On a $x_1 = P(Y_1, \ldots, Y_m)$, où P est un polynôme. Nous allons voir que, pour un choix convenable des entiers $r_i > 0$, l'anneau A est entier sur $B = k[x_1, x_2, \ldots, x_m]$, avec:

$$x_i = Y_i - Y_1^{r_i} \quad (2 \leq i \leq m).$$

Pour cela, il suffit évidemment que Y_1 soit entier sur B . Or Y_1 vérifie l'équation:

$$(*) \qquad P(Y_1, x_2 + Y_1^{r_2}, \ldots, x_m + Y_1^{r_m}) - x_1 = 0 .$$

Si l'on écrit P sous forme de somme de monômes $P = \sum a_p Y^p$, où $p = (p_1, \ldots, p_m)$, l'équation précédente s'écrit:

$$\sum a_p Y_1^{p_1}(x_2 + Y_1^{r_2})^{p_2} \ldots (x_m + Y_1^{r_m})^{p_m} - x_1 = 0 .$$

Posons $f(p) = p_1 + r_2p_2 + \ldots + r_mp_m$, et supposons les r_i choisis de telle sorte que tous les $f(p)$ soient distincts (il suffit par exemple de prendre $r_i = k^i$, où k est un entier strictement plus grand que tous les p_j). Il y aura alors un système $p = (p_1, \ldots, p_m)$ et un seul tel que $f(p)$ soit maximum, et l'équation s'écrira:

$$a_p Y_1^{f(p)} + \sum_{j < f(p)} Q_j(x)\, Y_1^j = 0 ,$$

équation qui montre bien que Y_1 est entier sur B .

Ceci montre que $k(y_1, \ldots, y_m)$ est algébrique sur $k(x_1, \ldots, x_m)$, donc les x_i sont algébriquement indépendants, et B est isomorphe à $k[X_1, \ldots, X_m]$. De plus, $\underline{a}_1 \cap B = (x_1)$; en effet, tout élément $q \in \underline{a}_1 \cap B$ s'écrit $q = x_1 q'$, avec $q' \in A \cap k(x_1, \ldots, x_m)$, et l'on a $A \cap k(x_1, \ldots, x_m) = k[x_1, \ldots, x_m]$ puisque cet anneau est intégralement clos; donc $q' \in B$, ce qui achève de démontrer les propriétés a) et b) dans ce cas.

A 2) Cas général.

On raisonne par récurrence sur m , le cas $m = 0$ (ou même $m = 1$) étant trivial. On peut évidemment supposer $\underline{a}_1 \neq 0$. Soit donc x_1 un élément non nul de $\underline{a}_1$; ce n'est pas une constante puisque $\underline{a}_1 \neq A$. D'après ce que l'on vient de voir, il existe $t_2,\ldots,t_m$, tels que x_1 , $t_2,\ldots,t_m$ soient algébriquement indépendants sur k , que A soit entier sur $C = k[x_1 , t_2,\ldots,t_m]$, et que $x_1A \cap C = x_1C$. D'après l'hypothèse de récurrence, il existe des éléments $x_2,\ldots,x_m$ de $k[t_2,\ldots,t_m]$ satisfaisant aux conditions du théorème pour l'algèbre $k[t_2,\ldots,t_m]$ et l'unique idéal $\underline{a}_1 \cap k[t_2,\ldots,t_m]$. On voit alors tout de suite que $x_1,x_2,\ldots,x_m$ répondent à la question.

B) Passage de $p-1$ à p .

Soient $t_1,\ldots,t_m$ des éléments de A satisfaisant aux conditions du théorème pour la suite $\underline{a}_1 \subset \ldots \subset \underline{a}_{p-1}$, et soit $r = h(p-1)$. D'après A 2), il existe des éléments $x_{r+1},\ldots,x_m$ de $k[t_{r+1},\ldots,t_m]$ satisfaisant aux conditions du théorème pour $k[t_{r+1},\ldots,t_m]$ et pour l'idéal $\underline{a}_p \cap k[t_{r+1},\ldots,t_m]$. En posant $x_i = t_i$ pour $i \leqslant r$, on obtient la famille cherchée, cqfd.

3. Applications. I. Dimension dans les algèbres de polynômes.

Notation: Si A est une algèbre intègre sur un corps k , nous noterons $\dim.\mathrm{al}_k A$ le degré de transcendance sur k du corps des fractions de A .

Proposition 14: Soit A une algèbre intègre de type fini sur un corps k . On a:

$$\dim(A) = \dim.\mathrm{al}_k A .$$

D'après le lemme de normalisation (théorème 2), il existe une sous-algèbre B de A qui est isomorphe à une algèbre de polynômes $k[X_1,\ldots,X_n]$ et qui est telle que A soit entier sur B . D'après la proposition 3, on a dim(A) = dim(B) , et d'après la proposition 13 on a dim(B) = n ; d'autre part, si l'on désigne par L et K les corps des fractions de A et de B , on a

$$\dim.\mathrm{al}_k L = \dim.\mathrm{al}_k K = n ,$$

puisque L est algébrique sur K . D'où la proposition.

<u>Variante</u>. Au lieu d'appliquer la proposition 13, on peut appliquer le lemme de normalisation à une chaîne d'idéaux premiers de A . On en déduit tout de suite que la longueur de cette chaîne est inférieure ou égale à n (avec $B = k[X_1,\ldots,X_N]$) et on conclut comme ci-dessus.

<u>Corollaire 1</u>: <u>Soit A une algèbre de type fini sur un corps k , et soit $\underline{p}$ un idéal premier de A . On a</u> $\mathrm{coht}(\underline{p}) = \dim.\mathrm{al}_k(A/\underline{p})$.

C'est évident.

<u>Corollaire 2 ("Nullstellensatz")</u>: <u>Soit A une algèbre de type fini sur un corps k , et soit $\underline{m}$ un idéal maximal de A . Le corps $A/\underline{m}$ est algébrique sur k</u> .

En effet, puisque $\underline{m}$ est maximal, on a $\mathrm{coht}(\underline{m}) = 0$, et l'on applique le corollaire 1 .

<u>Proposition 15</u>: <u>Soit A une algèbre intègre de type fini sur un corps k et soit n = dim(A) . Pour tout idéal premier $\underline{p}$ de A , on a</u>:

$$\mathrm{ht}(\underline{p}) + \mathrm{coht}(\underline{p}) = n \quad , \text{ i.e. } \dim(A_{\underline{p}}) + \dim(A/\underline{p}) = \dim(A) .$$

D'après le lemme de normalisation, il existe une sous-algèbre B de A , isomorphe à $k[X_1,\dots,X_n]$, telle que A soit entière sur B , et que

$$\underline{p} \cap B = (X_1,\dots,X_h) .$$

Posons $\underline{p}' = \underline{p} \cap B$. Comm $\underline{p}'$ contient la chaîne

$$0 \subset (X_1) \subset \dots \subset (X_1,\dots,X_h) ,$$

on a $ht(\underline{p}') \geqslant h$, et l'inégalité opposée résulte de ce que $\underline{p}'$ est engendrée par h éléments; donc $ht(\underline{p}') = h$. D'autre part $B/\underline{p}' = k[X_{h+1},\dots,X_n]$ ce qui montre que $coht(\underline{p}') = n-h$. Comme A est entier sur B , et que B est intégralement clos, les théorèmes de Seidenberg montrent que $ht(\underline{p}) = ht(\underline{p}')$ et $coht(\underline{p}) = coht(\underline{p}')$. D'où la proposition.

<u>Corollaire 1</u>: <u>Les hypothèses étant celles du théorème</u> 2, <u>on a</u>

$$ht(\underline{a}_i) = h(i) .$$

C'est en fait un corollaire de la démonstration.

Nous dirons qu'une chaîne d'idéaux premiers est <u>saturée</u> si elle n'est contenue dans aucune autre chaîne de mêmes extrémités (autrement dit si l'on ne peut intercaler aucun idéal premier entre deux éléments de la chaîne); nous dirons qu'elle est <u>maximale</u> si elle n'est contenue dans aucune autre chaîne, ou, ce qui revient au même, si elle est saturée, si son origine est un idéal premier minimal et si son extrémité est un idéal maximal.

<u>Corollaire 2</u>: <u>Soit</u> A <u>une algèbre intègre de type fini sur un corps</u> k . <u>Toutes les chaînes maximales d'idéaux premiers de</u> A <u>ont même longueur, à savoir</u> dim(A) .

Soit $\underline{p}_o \subset \underline{p}_1 \subset \dots \subset \underline{p}_h$ une chaîne maximale d'idéaux premiers. Puisqu'elle est maximale, on a $\underline{p}_o = 0$, et $\underline{p}_h$ est idéal maximal de A. On a donc

$$\dim(A/\underline{p}_o) = \dim(A) \quad \text{et} \quad \dim(A/\underline{p}_h) = 0 .$$

D'autre part, puisque la chaîne est saturée, on ne peut intercaler aucun idéal premier entre $\underline{p}_{i-1}$ et $\underline{p}_i$; on a donc $\dim(A/\underline{p}_{i-1})_{\underline{p}_i} = 1$, et la proposition 15 permet donc d'écrire:

$$\dim(A/\underline{p}_{i-1}) - \dim(A/\underline{p}_i) = 1 .$$

Comme $\dim(A/\underline{p}_o) = \dim(A)$ et $\dim(A/\underline{p}_h) = 0$, on en déduit bien $h = \dim(A)$, cqfd.

Remarques:

1) On peut décomposer le corollaire 2 en deux parties:

a) Pour tout idéal maximal $\underline{m}$ de A , on a $\dim(A_{\underline{m}}) = \dim(A)$.

b) Toutes les chaînes maximales d'idéaux premiers de $A_{\underline{m}}$ ont même longueur.

Nous verrons au Chapitre suivant que la propriété b) est vraie, plus généralement, pour tout anneau local qui est quotient d'un anneau de Cohen-Macaulay (et en particulier d'un anneau local régulier).

2) Le corollaire 2 peut, lui aussi, se déduire directement du lemme de normalisation.

4. Applications. II. Fermeture intégrale d'une algèbre de type fini.

Proposition 16: Soit A une algèbre intègre de type fini sur un corps k , soit K son corps des fractions, et soit L une extension finie de K . La fermeture intégrale B de A dans L est alors un A-module de type fini (et en particulier c'est une k-algèbre de type fini).

[On comparera ce résultat à celui de la proposition 11; nous ne supposons plus que A soit un anneau normal, ni que L/K soit séparable.]

D'après le lemme de normalisation, A est entier sur une sous-algèbre C isomorphe à $k[X_1,\ldots,X_n]$, et B est évidemment la fermeture intégrale de C dans L. Il suffira donc de faire la démonstration lorsque A est une algèbre de polynômes. De plus, quitte à augmenter L, on peut supposer que l'extension L/K est quasi-galoisienne; si l'on note M la plus grande extension radicielle de K contenue dans L, l'extension L/M est séparable. Soit D la fermeture intégrale de A dans M; si l'on sait que D est finie sur A, la proposition 11, appliquée à L/M, montrera que B est finie sur D, donc sur A. Finalement, nous pouvons donc supposer que l'extension L/K est radicielle. L'extension L est engendrée par un nombre fini d'éléments y_i, et il existe une puissance q de l'exposant caractéristique de k, telle que

$$y_i^q \in K = k(X_1,\ldots,X_n) .$$

Soient $c_1,\ldots,c_m$ les coefficients de tous les y_i^q, exprimés comme fonctions rationnelles en les X_j. L'extension L/K est alors contenue dans L'/K, avec:

$$L' = k'(X_1^{q^{-1}},\ldots,X_n^{q^{-1}}) , \quad k' = k(c_1^{q^{-1}},\ldots,c_m^{q^{-1}}) .$$

La fermeture intégrale de A dans L' est visiblement égale à

$$B' = k'[X_1^{q^{-1}},\ldots,X_n^{q^{-1}}] ,$$

et B' est un A-module libre de base finie. Donc B est fini sur A, cqfd.

Remarque: Dans la terminologie de Grothendieck (EGA, Chap.0, 23.1.1) la proposition 16 signifie que tout corps est "universellement japonais". D'après Nagata, tout anneau de Dedekind de caractéristique zéro (en particulier $\underline{\underline{Z}}$) , tout anneau local noethérien complet, est universellement japonais (cf. EGA, Chap.IV, 7.7.4.)

5. Applications. III. Dimension d'une intersection dans l'espace affine.

Il s'agit de démontrer que, si V et W sont deux sous-variétés irréductibles d'un espace affine, et si T est une composante irréductible de $V \cap W$, on a l'inégalité:

$$\operatorname{codim}(T) \geqslant \operatorname{codim}(V) + \operatorname{codim}(W) \quad .$$

En langage algébrique, cela s'énonce ainsi:

Proposition 17: Si $\underline{p}'$ et $\underline{p}''$ sont deux idéaux premiers de l'algèbre des polynômes $A = k[X_1,\ldots,X_n]$, où k est un corps, et si $\underline{p}$ est un élément minimal de $W(\underline{p}' + \underline{p}'')$, on a:

$$\operatorname{ht}(\underline{p}) \geqslant \operatorname{ht}(\underline{p}') + \operatorname{ht}(\underline{p}'') \quad .$$

Démontrons d'abord deux lemmes:

Lemme 6: Soient A' et A" deux algèbres intègres de type fini sur k . Pour tout idéal premier minimal $\underline{p}$ de $A' \otimes_k A''$, on a:

$$\operatorname{coht}(\underline{p}) = \dim(A' \otimes_k A'') = \dim(A'') + \dim(A').$$

(En langage géométrique: le produit de deux variétés k-irréductibles de dimensions r et s se décompose en variétés irréductibles qui ont toutes pour dimension r+s .)

Soient B' et B" des k-algèbres de polynômes dont A' et A"

soient extensions entières; soient K', K", L', L" les corps des fractions de A' , A", B', B" . On a le diagramme d'injections:

$$\begin{array}{ccccc} 0 & \longrightarrow & L'\otimes_k L'' & \longrightarrow & K'\otimes_k K'' \\ & & \uparrow & & \uparrow \\ 0 & \longrightarrow & B'\otimes_k B'' & \longrightarrow & A'\otimes_k A'' \\ & & \uparrow & & \uparrow \\ & & 0 & & 0 \end{array}$$

Comme K' est L'-libre et K" est L"-libre, $K'\otimes_k K''$ est $L'\otimes_k L''$ -libre; en particulier, c'est un module sans torsion sur l'algèbre de polynômes $B'\otimes_k B''$. L'idéal premier $\underline{p}$ coupe donc $B'\otimes_k B''$ suivant 0 , et le théorème de Cohen-Seidenberg montre que

$$\mathrm{coht}(\underline{p}) = \dim(B'\otimes_k B'') = \dim(B') + \dim(B'') = \dim(A') + \dim(A'') ,$$

cqfd.

<u>Lemme 7</u>: <u>Soit</u> A <u>une</u> <u>k-algèbre</u>, <u>soit</u> $C = A\otimes_k A$, <u>et soit</u> $\varphi : C\longrightarrow A$ <u>l'homomorphisme défini par</u> $\varphi(a\otimes b) = ab$.

(i) <u>Le noyau</u> $\underline{d}$ <u>de</u> φ <u>est l'idéal de</u> C <u>engendré par les éléments</u> $1\otimes a - a\otimes 1$, <u>pour</u> $a\in A$.

(ii) <u>Si</u> $\underline{p}'$ <u>et</u> $\underline{p}''$ <u>sont deux idéaux de</u> A , <u>l'image par</u> φ <u>de l'idéal</u> $\underline{p}'\otimes A + A\otimes\underline{p}'' + \underline{d}$ <u>est égale à</u> $\underline{p}' + \underline{p}''$.

Il est clair que $1\otimes a - a\otimes 1$ appartient à $\underline{d}$ pour tout $a\in A$. Inversement, si $\sum a_i b_i = 0$, on peut écrire:

$$\sum a_i\otimes b_i = \sum (a_i\otimes 1 - 1\otimes a_i)(1\otimes b_i) ,$$

ce qui montre que $\sum a_i\otimes b_i$ appartient à l'idéal engendré par les

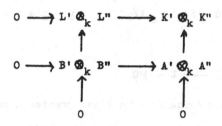

$(a_i \otimes 1 - 1 \otimes a_i)$. L'assertion (ii) est triviale.

Nous pouvons maintenant démontrer la proposition. Posons

$$C = A \otimes_k A , \qquad D = A/\underline{p}' \otimes_k A/\underline{p}'' , \qquad \underline{r} = \underline{p}' \otimes A + A \otimes \underline{p}'' .$$

On a la suite exacte:

$$0 \longrightarrow \underline{r} \longrightarrow C \longrightarrow D \longrightarrow 0 .$$

Soit $\underline{P} = \varphi^{-1}(\underline{p})$; c'est évidemment un idéal premier minimal de $W(\underline{d} + \underline{r})$, et son image $\underline{Q}$ dans D est donc un idéal premier minimal de $W(\underline{d}')$, en notant $\underline{d}'$ l'image de $\underline{d}$ dans D . Mais le lemme 7 montre que $\underline{d}$ est engendré par les n éléments $X_i \otimes 1 - 1 \otimes X_i$; on voit donc que $ht(\underline{Q}) \leqslant n$. Soit $\underline{Q}_o$ un idéal premier minimal de D contenu dans $\underline{Q}$; on a <u>a fortiori</u> $ht(\underline{Q}/\underline{Q}_o) \leqslant n$. Mais, d'après le lemme 6, on a

$$\dim(D/\underline{Q}_o) = \dim(A/\underline{p}') + \dim(A/\underline{p}'') \quad ;$$

comme

$$ht(\underline{Q}/\underline{Q}_o) = \dim(D/\underline{Q}_o) - \dim(D/\underline{Q}) \quad ,$$

on trouve:

$$n \geqslant ht(\underline{Q}/\underline{Q}_o) = \dim(A/\underline{p}') + \dim(A/\underline{p}'') - \dim(A/\underline{p}) \quad , \text{cqfd.}$$

<u>Remarque</u>: La méthode de démonstration a consisté, <u>grosso modo</u>, à remplacer le couple $(\underline{p}', \underline{p}'')$ par le couple $(\underline{d}, \underline{r})$. C'est ce que l'on appelle la <u>réduction à la diagonale</u> (c'est l'analogue algébrique de la formule $V \cap W = (V \times W) \cap \Delta$) . Nous verrons au Chap.V que cette méthode s'applique à des cas sensiblement plus généraux, et permet notamment d'étendre la proposition précédente à <u>tout anneau régulier</u>.

CHAPITRE IV - DIMENSION ET CODIMENSION HOMOLOGIQUES

A - LE COMPLEXE DE L'ALGÈBRE EXTÉRIEURE (KOSZUL)

1. Le Cas Simple.

La plupart des résultats des paragraphes 1 et 2 sont valables sans hypothèse noethérienne ; soit donc A un anneau commutatif, à élément unité, et x un élément de A. Nous noterons alors $K^A(x)$ le complexe suivant : $K_n^A(x) = 0$ si $n \neq 0, 1$ et $K_1^A(x) \simeq K_o^A(x) \simeq A$.

En fait, nous identifierons A et $K_o(x)$ et nous choisirons une fois pour toutes un isomorphisme de A sur $K_1(x)$, défini par l'image e_x de 1 dans $K_1(x)$. La dérivation $d : K_1 \longrightarrow K_o$ du complexe $K(x)$ sera définie par la formule :

$$d(a\, e_x) = a.x \quad , \text{si} \quad a \in A .$$

Si M est un A-module unitaire, nous noterons $K(x,M)$ le complexe produit tensoriel $K(x) \otimes_A M$. Alors $K(x,M)_n = 0$ si $n \neq 0, 1$, $K(x,M)_o = K_o(x) \otimes_A M \simeq M$ (nous identifierons ces modules), $K(x,M)_1 = K_1(x) \otimes_A M$ et la dérivation $d : K(x,M)_1 \longrightarrow K(x,M)_o$ est définie par la formule : $d(e_x \otimes m) = x.m$ ou $m \in M$. Les modules d'homologie de $K(x,M)$ sont tout simplement :

$$H_o(K(x,M)) = M/x.M$$

$$H_1\ (K(x,M)) = Ann_M\ (x) = Ker\{x : M \to M\}.$$

Plus généralement, si L est un complexe de A-modules, les modules d'homologie du complexe $K(x) \otimes_A L$ sont reliés simplement aux modules d'homologie de L :

Proposition 1 : Sous les hypothèses ci-dessus, on a pour tout entier p des suites exactes :

$$0 \longrightarrow H_o(K(x) \otimes_A H_p(L)) \longrightarrow H_p(K(x) \otimes_A L)$$

$$\longrightarrow H_1(K \otimes_A H_{p-1}(L)) \longrightarrow 0 .$$

En effet, pour tout entier p , $(K(x) \otimes_A L)_p$ est une somme directe :

$$(K(x) \otimes_A L)_p = (K_o(x) \otimes_A L_p) + (K_1(x) \otimes_A L_{p-1}) .$$

Si l'on considère $K_o(x)$ et $K_1(x)$ comme des A-modules, on obtient ainsi une suite exacte de complexes :

$$0 \longrightarrow (K_o(x) \otimes_A L)_p \longrightarrow (K(x) \otimes_A L)_p \longrightarrow (K_1(x) \otimes_A L)_{p-1} \longrightarrow 0$$

et la suite exacte correspondante des modules d'homologie :

$$K_1 \otimes_A H_p(L) \xrightarrow{d \otimes 1} K_o \otimes_A H_p(L) \longrightarrow H_p(K \otimes_A L) \longrightarrow$$

$$\longrightarrow K_1 \otimes_A H_{p-1}(L) \xrightarrow{d \otimes 1} K_o \otimes_A H_{p-1}(L) .$$

La proposition en résulte, car

$$H_o(K \otimes H_p(L)) = \text{Coker}\left[(K_1 \otimes H_p) \longrightarrow (K_o \otimes H_p)\right]$$

$$H_1(K \otimes H_{p-1}(L)) = \text{Ker}\ (K_1 \otimes H_{p-1}) \longrightarrow (K_o \otimes H_{p-1}) \quad .$$

<u>Corollaire : Si</u> $\mathcal{E} : \underline{M} \longrightarrow M$ <u>est un complexe acyclique sur</u> M , <u>et si</u> x <u>n'est pas diviseur de</u> 0 <u>dans</u> M , <u>alors</u> $K(x) \otimes_A \underline{M}$ <u>est un complexe acyclique sur</u> M/xM .

En effet, il suffit d'appliquer la proposition au complexe $L = \underline{M} = (M_n)$. On obtient alors $H_p(K(x) \otimes_A \underline{M}) = 0$ si $p > 1$, et

$$H_1(K(x) \otimes_A \underline{M}) \simeq H_1(K(x) \otimes_A H_o(\underline{M})) = H_1(K(x) \otimes_A M) = \text{Ann}_M (x) \quad .$$

2. <u>Acyclicité et propriétés fonctorielles du complexe de l'algèbre extérieure</u> .

Si maintenant $x_1,\dots,x_r$ sont r éléments de A nous désignerons par $K^A(x_1,\dots,x_r)$ le complexe produit tensoriel :

$$K^A(x_1,\dots,x_r) = K^A(x_1) \otimes_A K^A(x_2) \otimes_A \dots \otimes_A K^A(x_r) \quad .$$

Alors $K_p(x_1,\dots,x_r)$ est un A-module libre engendré par les $e_{i_1} \otimes \dots \otimes e_{i_p}$, $i_1 < i_2 < \dots < i_p$, où $e_i = e_{x_i}$, et en particulier est isomorphe à $\Lambda^p(A^r)$, produit extérieur $p^{\text{ème}}$ de A^r , d'où le nom de <u>complexe de l'algèbre extérieure</u> donné à $K^A(x_1,\dots,x_r)$.

Si M est A-module, on note $K(x_1,\dots,x_r\,;\,M)$ ou $K(\underline{x},M)$ le complexe produit $K(x_1,\dots,x_r)\otimes_A M = K(\underline{x})\otimes_A M$ ($\underline{x}$ désigne la famille $\{x_1,\dots,x_r\}$). Le module $K_p(\underline{x},M)$ est ainsi somme directe des modules $e_{i_1}\otimes_A \dots \otimes_A e_{i_p} \otimes_A M$, où $i_1 < i_2 < \dots < i_p$, et la dérivation $d_p : K_p(\underline{x},M) \longrightarrow K_{p-1}(\underline{x},M)$ est donnée par la formule :

$$d(e_{i_1}\otimes \dots \otimes e_{i_p}\otimes m) = \sum_k (-1)^{k+1} e_{i_1}\otimes \dots \otimes \hat{e}_{i_k} \otimes \dots \otimes e_{i_p} \otimes (x_{i_k} m) .$$

Dans la suite nous désignerons par $H_p^A(\underline{x},M)$ le $p^{\text{ème}}$ module d'homologie du complexe $K^A(\underline{x},M)$. On a manifestement :

$$H_o(\underline{x},M) = M/(x_1,\dots,x_r)M \quad \text{et} \quad H_r(\underline{x},M) = (0 : (x_1,\dots,x_r))_M .$$

Les deux propositions suivantes étudient le cas où les modules d'homologie sont nuls pour $p > 0$.

<u>Proposition 2:</u> <u>Si, sous les hypothèses précédentes, et pour tout</u> i, $1 \leq i \leq r$, x_i <u>n'est pas diviseur de</u> 0 <u>dans</u> $M/(x_o,x_1,\dots,x_{i-1}).M$, <u>où</u> $x_o = 0$, <u>alors</u> $H_p(\underline{x},M) = 0$ <u>pour</u> $p > 0$.

La proposition est vraie si $r = 1$, car dire que $H_1(x_1,M) = \operatorname{Ann}_M(x_1)$ est nul, c'est dire que x_1 n'est pas diviseur de 0.

Supposons donc $r > 1$ et la propriété démontrée pour le complexe $K(x_1,\dots,x_{r-1};M)$ et prouvons la pour $K(x_1,\dots,x_r;M)$:

alors l'application canonique de $K_o(x_1,\dots,x_{r-1};M)$ dans $H_o(x_1,\dots,x_{r-1};M) = M/(x_1,\dots,x_{r-1})M$ définit $K(x_1,\dots,x_{r-1};M)$ comme complexe au-dessus de $M/(x_1,\dots,x_{r-1})M$, et le corollaire à la proposition 1 s'applique à notre cas.

Proposition 3: Si, en plus des hypothèses précédentes, on suppose A noethérien et M de type fini, et si les x_i , $1 \leq i \leq r$, appartiennent au radical $r(A)$ de A , alors, les assertions suivantes sont équivalentes :

a) $H_p(\underline{x},M) = 0$ pour $p \geq 1$.

b) $H_1(\underline{x},M) = 0$

c) Pour tout i , $1 \leq i \leq r$, x_i n'est pas diviseur de zéro dans $M/(x_o,x_1,\dots,x_{i-1})M$.

Il reste à montrer que b) $\Longrightarrow$ c) , ce qui a déjà été fait si $r = 1$.

On peut donc supposer que la démonstration a été faite pour $K(x_1,\dots,x_{r-1};M)$ et la faire pour $K(x_1,\dots,x_r;M)$.

Or la suite exacte :

$$0 \longrightarrow H_o(K(x_r) \otimes H_1(x_1,\dots,x_{r-1};M)) \longrightarrow H_1(\underline{x},M) \longrightarrow$$

$$\longrightarrow H_1(K(x_r) \otimes H_o(x_1,\dots,x_{r-1};M)) \longrightarrow 0$$

entraîne que $H_1(x_1,\dots,x_{r-1};M)/x_r.H_1(x_1,\dots,x_{r-1};M)$ et $H_1(K(x_r) \otimes H_o(x_1,\dots,x_{p-1};M))$ sont nuls , donc que

$H_1(x_1,\ldots,x_{r-1};M)$ et $H_1(x_r;H_o(x_1,\ldots,x_{r-1};M))$ le sont (Nakayama) et, module d'hypothèse de récurrence, ceci entraîne le résultat cherché.

<u>Corollaire:</u> <u>La condition</u> c) <u>ne dépend pas de l'ordre de la suite</u> $\underline{x} = \{x_1,\ldots,x_r\}$.

La correspondance entre M et $K(\underline{x},M)$ est évidemment fonctorielle pour $\underline{x}$ donné, et le foncteur $M \longmapsto K(\underline{x},M)$ est exact. Si $0 \longrightarrow M' \longrightarrow M \longrightarrow M'' \longrightarrow 0$ est une suite exacte, on obtient une suite exacte de complexes :

$$0 \longrightarrow K(\underline{x},M') \longrightarrow K(\underline{x},M) \longrightarrow K(\underline{x},M'') \longrightarrow 0$$

et une suite exacte d'homologie :

$$0 \longrightarrow H_r(\underline{x},M') \longrightarrow H_r(\underline{x},M) \longrightarrow H_r(\underline{x},M'') \longrightarrow H_{r-1}(\underline{x},M') \longrightarrow \cdots$$
$$\cdots \longrightarrow H_1(\underline{x},M'') \longrightarrow H_o(\underline{x},M') \longrightarrow H_o(\underline{x},M) \longrightarrow H_o(\underline{x},M'') \longrightarrow 0$$

En outre $H_r^A(\underline{x},M)$ est naturellement isomorphe à $\mathrm{Hom}_A(A/\underline{x},M)$ et $H_o^A(\underline{x},M)$ à $(A/\underline{x}) \otimes_A M$ (où $\underline{x}$ désigne, par abus de notation, l'idéal engendré par $x_1,\ldots,x_r$) . Ces isomorphismes naturels de foncteurs se prolongent de manière unique en des transformations naturelles φ et ψ (Cartan-Eilenberg, Chap. III) :

$$\varphi : \mathrm{Ext}_A^i(A/\underline{x},M) \longrightarrow H_{r-i}^A(\underline{x},M) \quad \text{et}$$

$$\psi : H_i^A(\underline{x},M) \longrightarrow \mathrm{Tor}_i^A(A/\underline{x},M)$$

Si les hypothèses de la proposition 2 sont satisfaites pour $M = A$, l'application canonique de $K_0^A(\underline{x})$ sur $A/\underline{x}$ fait alors de $K^A(\underline{x})$ une résolution projective de $A/\underline{x}$ et devient un isomorphisme ; en particulier $A/\underline{x}$ a pour dimension homologique r (voir le paragraphe C) .

Nous laissons au soin du lecteur de démontrer que sous les mêmes hypothèses φ est un isomorphisme (Il existe un isomorphisme de $\mathrm{Hom}(K_i(\underline{x}),M)$ sur $K_{r-i}(\underline{x}) \otimes M$ qui commute avec les opérateurs bord).

Dans le cas général, soit B l'anneau des polynômes en r indéterminées $X_1,\ldots,X_r$, à coefficients dans A, i.e. $B = A[X_1,\ldots,X_r]$. Définissons sur A et M des structures de B-modules par les égalités : $X_i Q = 0$ si $Q \in A$ et $X_i m = x_i m$ si $m \in M$. Alors $K^B(X_1,\ldots,X_r)$ fournit une résolution projective de A et $K^A(\underline{x},M) = K^B(X_1,\ldots,X_r;M)$; on a donc l'isomorphisme naturel : $H_i^A(\underline{x},M) \simeq \mathrm{Tor}_i^B(A,M) \simeq \mathrm{Ext}_B^{r-i}(A,M)$. D'où la

<u>Proposition 4</u>: <u>L'annulateur de</u> $H_i^A(\underline{x},M)$, $-\infty < i < +\infty$, <u>contient</u> $\underline{x}$ <u>et</u> $\mathrm{Ann}\, M$.

On sait en effet que $\mathrm{Ann}_B(\mathrm{Tor}_i^B(A,M)) \supset \mathrm{Ann}_B A + \mathrm{Ann}_B M$, mais $\mathrm{Ann}_B A = (X_1,\ldots,X_r)$ et $\mathrm{Ann}_B M \supset \mathrm{Ann}_A M + (X_1 - x_1,\ldots,X_r - x_r)$.

Enfin, on démontrererait sans difficulté que si S est une partie multiplicativement stable de A, $K(\underline{x},M_S) \simeq K(\underline{x},M)_S$ et $H(\underline{x},M_S) = H(\underline{x},M)_S$. De même si A est noethérien et M de type fini, et si l'on munit les A-modules de la filtration $\underline{x}$-adique on a $K(\underline{x},\hat{M}) = \widehat{K(\underline{x},M)}$, $H(\underline{x},\hat{M}) = \widehat{H(\underline{x},M)}$; les relations entre $K(\underline{x},M)$ et $K(G(\underline{x}), G(M))$ vont faire l'objet du paragraphe suivant :

3. La suite spectrale associée au complexe de l'algèbre extérieure.

Munissons, sous les hypothèses ci-dessus, le module M de la filtration $\underline{x}$-adique et désignons par $G(M)$ et $G(A)$ les gradués associés à M et A, par $\xi_1,\ldots,\xi_r$ les images de $x_1,\ldots,x_r$ dans $\underline{x}/\underline{x}^2$ et par $\underline{\xi}$ la suite $\xi_1,\ldots,\xi_r$ ou l'idéal engendré par cette suite dans $G(A)$ lorsqu'il n'y aura pas de confusion.

Le complexe $K^{G(A)}(\underline{\xi}) \otimes_{G(A)} G(M)$ est manifestement somme directe des modules $K_p(\underline{x},\underline{x}^iM)/K_p(\underline{x},\underline{x}^{i+1}M)$ que nous noterons $K_p(\underline{\xi}, G_i(M))$. En outre, la différentiation d de $K(\underline{x},M)$ applique $K_p(\underline{X},\underline{X}^iM)$ dans $K_{p-1}(\underline{x},\underline{x}^{i+1}M)$ et induit donc une application

$$\bar{d} : K_p(\underline{\xi}, G_i(M)) \longrightarrow K_{p-1}(\underline{\xi}, G_{i+1}(M)) .$$

Cette application $\bar{d}$ définit sur $K(\underline{\xi}, G(M))$ une structure de complexe, somme directe des complexes :

$$E_n^o(\underline{x},M) = \bigoplus_{p+i=n} K_p(\underline{\xi}, G_i(M)) .$$

En fait, la graduation de $K(\underline{\xi}, G(M))$ définie par les $E_n^o(\underline{x},M)$ est associée à une filtration de $K(\underline{x},M)$ <u>compatible avec</u> d : désignons en effet par $F^nK(\underline{x},M)$ la somme directe

$$F^nK(\underline{x},M) = \bigoplus_{\substack{i \geq o \\ p+i=n}} K_p(\underline{x},\underline{x}^iM) \quad , \quad \text{où} \quad \underline{x}^oM = M \ .$$

Alors d applique $F^nK(\underline{x},M)$ dans $F^nK(\underline{x},M)$, on a manifestement $F^nK(\underline{x},M)/F^{n+1}K(\underline{x},M) = E_n^o(\underline{x},M)$ et $\bar{d}_n$ est induit par d dans ce passage au quotient.

Nous nous trouvons ainsi dans la situation du Complément au Chapitre II,A , et il existe une <u>suite spectrale</u> dont le terme "E_o" n'est autre que $\bigoplus_n E_n^o(\underline{x},M)$ et qui aboutit à $H^A(\underline{x},M)$.

Le terme "E_1" de cette suite est donné par la formule

$$E_n^1(\underline{x},M) = H(E_n^o(\underline{x},M))$$

et est somme directe (pour $p+i=n$) des modules

$$E_{p,i}^1(\underline{x},M) = H_p(K(\underline{\xi},G_i(M)), \quad \text{que nous noterons} \quad H_p(\underline{\xi},G_i(M)).$$

Le terme "E_∞" peut être construit de la manière suivante : si $F^nH_p(\underline{x},M)$ désigne l'image de $H_p(F^nK(\underline{x},M))$ dans $H_p(\underline{x},M)$, on a : $E_{p,i}^\infty(\underline{x},M) = F^{p+i}H_p(\underline{x},M) / F^{i+1+p}H_p(\underline{x},M)$.

On sait que la filtration de $H_p(\underline{x},M)$ est $\underline{x}$-bonne et que la suite spectrale converge au sens du Chapitre II .

Pour l'étude plus précise de cette suite spectrale, nous allons nous restreindre au cas suivant : A est noethérien, M est un A-module de type fini, $M/\underline{x}M$ est de longueur finie et $\underline{x} \subset \underline{r}(A)$.

Alors pour tout entier p , $H_p^A(\underline{x},M)$ est annulé par $\underline{x}$ + AnnM . A fortiori $V(H_p^A(\underline{x},M)) \subset V(M) \cap W(\underline{x})$ et $H_p^A(\underline{x},M)$ est un A-module de longueur finie.

De même, $H_p(\underline{\xi}, G(M))$ est un G(A)-module gradué de longueur finie, et comme $\underline{\xi}$ appartient à son annulateur, c'est même un $G(A)/\underline{\xi} = A/\underline{x}$-module de longueur finie : en particulier $H_p(\underline{\xi}, G_i(M)) = 0$ si i est grand.

Ceci va nous permettre de calculer la caractéristique d'Euler-Poincaré

$$\chi(H(\underline{\xi}, G(M)) = \chi(\underline{\xi}, G(M)) = \sum_{p=0}^{p=r} (-1)^p \, \ell(H_p(\underline{\xi}, G(M)) .$$

En effet, comme $H_p(\underline{\xi}, G_i(M)) = 0$ pour i grand, on a

$$\chi(\underline{\xi}, G(M)) = \sum_{i=0}^{i=s-p} \sum_{p=0}^{r} (-1)^p \, \ell(H_p(\underline{\xi}, G_i(M))$$

si s est assez grand (la "caractéristique d'un complexe vaut celle de son homologie"),

$$= \sum_{j=0}^{j=s} \chi(E_j^1(\underline{x},M)) = \sum_{j=0}^{j=s} \chi(E_j^o(\underline{x},M))$$

$$= \sum_{i=0}^{i=s-p} \sum_{p=0}^{r} (-1)^p \ell(K_p(\underline{\xi}, G_i(M)))$$

$$= \sum_{p=0}^{r} (-1)^p \ell(K_p(\underline{x},M)/K_p(\underline{x},\underline{x}^{s-p+1}M))$$

$$= \sum_{p=0}^{r} (-1)^p \binom{r}{p} \ell(M/\underline{x}^{s-p+1}M)$$

$$= \sum_{p=0}^{r} (-1)^p \binom{r}{p} P_{\underline{x}}(M,t-p) \quad \text{pour } t \text{ grand } (t=s+1).$$

Nous laissons au lecteur le soin de vérifier que cette dernière quantité n'est autre que $\overset{r}{\Delta} P_{\underline{x}}(M,s)$ (avec les notations du Chapitre II), quantité que nous noterons désormais $e_{\underline{x}}(M,r)$.

Ainsi $$\chi(\underline{\xi}, G(M)) = e_{\underline{x}}(M,r) .$$

La convergence de la suite spectrale :

$E^1_{p,i}(\underline{x},M) \Longrightarrow E^2_{p,i}(\underline{x},M) \Longrightarrow \ldots \Longrightarrow E^{\infty}_{p,i}(\underline{x},M)$ entraîne les égalités :

$$\chi(\underline{\xi}, G(M)) = \chi(E^1(\underline{x},M)) = \chi(E^2(\underline{x},M)) = \ldots = \chi(E^{\infty}(\underline{x},M)) ,$$

et cette dernière quantité vaut évidemment :

$\chi(H(\underline{x},M)) = \sum_{p=0}^{r} (-1)^p \ell(H_p(\underline{x},M))$, parce que la filtration de $H_p(\underline{x},M)$ est séparée $(\underline{x} \subset r(A))$.

Nous pouvons résumer les résultats dans le

<u>Théorème 1:</u> <u>Si l'idéal</u> $\underline{x} = (x_1,\dots,x_r)$ <u>de l'anneau noethérien</u> A <u>est contenu dans le radical de</u> A , <u>si</u> M <u>est un</u> A-<u>module de type fini tel que</u> $M/\underline{x}M$ <u>soit de longueur finie, alors</u> :

a) <u>Les modules</u> $H_p(\underline{x},M)$ <u>sont de longueur finie, soit</u> $h_p(\underline{x},M)$.

b) <u>Si</u> $\chi(\underline{x},M) = \sum_{p=0}^{r} (-1)^p \, h_p(\underline{x},M)$, <u>alors</u> $\chi(\underline{x},M) = e_{\underline{x}}(M,r)$.

Le calcul de $\chi(\underline{x},M)$ peut encore se faire à l'aide des modules $H_p(K/F^iK)$ isomorphes à $H_p(\underline{x},M)$ si i est assez grand.

4. <u>La codimension homologique d'un module sur un anneau semi-local</u>.

Si M est un module sur l'anneau semi-local A , et si $\underline{r}$ désigne le radical de A , on appelle <u>M-suite de A</u> toute suite $\underline{a} = \{a_1,\dots,a_p\}$ d'éléments de $\underline{r}$ qui satisfont aux conditions équivalentes :

a) Pour tout i , $1 \leq i \leq p$, a_i n'est pas diviseur de 0 dans $M/\underline{a}_{i-1}M$, où $\underline{a}_0 = 0$ et $\underline{a}_{i-1} = (a_1,\dots,a_{i-1})$.

b) $K(\underline{a},M)$ est un complexe acyclique (en dimension > 0) .

c) $H_1(\underline{a},M) = 0$.

L'équivalence de ces trois assertions a déjà été démontrée ; en particulier, ces conditions ne dépendent pas de l'ordre de la suite. Si l'on désigne par M_i le module $M/\underline{a}_i M$, et si $\underline{b} = \{b_1,\dots,b_e\}$ est une M_p-suite, la suite $\{\underline{a},\underline{b}\} = \{a_1,\dots,a_p, b_1,\dots,b_e\}$ est une M-suite.

Une telle suite $\underline{b}$ existe (et possède au moins un élément) si et seulement si $\underline{r}$ contient un élément qui n'est pas diviseur de 0 dans M_p , c'est-à-dire si et seulement si $\underline{r}$ n'est pas associé à M_p .

Cette dernière condition équivaut encore à l'égalité $\mathrm{Hom}^A(k,M_p) = 0$ où $k = A/\underline{r}$ (en effet, si aucun idéal maximal de A n'est associé à M , $\underline{r}$ n'annule aucun élément de M et réciproquement), et ne dépend que du nombre p , et non de la suite $\underline{a}$, comme il résulte de la

<u>Proposition 5</u>: <u>Sous les hypothèses ci-dessus</u>, $\mathrm{Hom}(k,M_p) \simeq \mathrm{Ext}^p(k,M)$.

La proposition est vraie si $p=0$. Supposons la donc démontrée pour tous les A-modules N et les N-suites de moins de p éléments, et montrons la dans notre cas : Comme $\{a_2,\dots,a_p\}$ est une M_1-suite, on a $\mathrm{Hom}(k,M_p) \simeq \mathrm{Ext}^{p-1}(k,M_1)$, et il reste à montrer que $\mathrm{Ext}^{p-1}(k,M_1) \simeq \mathrm{Ext}^p(k,M)$; mais l'homothétie définie par a_1 dans M donne naissance aux suites exactes :

$$0 \longrightarrow M \xrightarrow{a_1} M \longrightarrow M_1 \longrightarrow 0 \qquad \text{et}$$

$$\ldots \longrightarrow Ext^{p-1}(k,M) \longrightarrow Ext^{p-1}(k,M_1) \longrightarrow Ext^p(k,M) \xrightarrow{a_1} Ext^p(k,M) \quad .$$

Or, $Ext^{p-1}(k,M) = Hom(k,M_{p-1}) = 0$ et l'annulateur de $Ext^p(k,M)$ contient $Ann(k) = \underline{r}$ et donc a_1: l'homomorphisme de $Ext^{p-1}(k,M_1)$ dans $Ext^p(k,M)$ est donc un isomorphisme, q.e.d.

Supposons maintenant $M \neq 0$. La suite d'idéaux $\underline{a}_o \subset \underline{a}_1 \ldots \subset \underline{a}_i \subset \ldots$ étant strictement croissante, il est clair qu'il existe une M-suite maximale $\underline{a} = \{a_1, \ldots, a_p\}$.

On a alors $Ext^p(k,M) \neq 0$ et p est le plus petit entier ayant cette propriété; en particulier p ne dépend pas de la suite maximale choisie. D'où la

Proposition et définition 6: Toutes les M-suites maximales ont le même nombre d'éléments, soit p . Toute M-suite peut être prolongée en une M-suite maximale. L'entier p est la borne inférieure des n tels que $Ext^n(k,M) \neq 0$ et s'appelle la codimension homologique $codh_A M$ de M . (On l'appelle aussi la profondeur de M .)

Corollaire: Avec les notations ci-dessus, $codh_A M_i = codh_A M - i$.

La codimension homologique de M s'interprète aisément à l'aide de la variété $V(M)$ associée à M . En effet, toute M-suite de A peut être construite de la manière suivante: soit d_o la plus petite de cohauteurs des idéaux premiers associés à M et a_1 un élément quelconque de $\underline{r}$ qui n'appartient à aucun de ces idéaux premiers (a_1 existe si aucun idéal maximal de A n'est associé à M). Alors a_1 est le premier élément d'un système de paramètres de M et n'est pas diviseur de 0 dans M ; par suite, si $M_1 = M/a_1M$, on a les égalités:

$$\mathrm{codh}_1 M_1 = \mathrm{codh}_A M - 1 \text{ et } \dim_A M_1 = \dim_A M - 1 .$$

Désignons maintenant par d_1 la plus petite des cohauteurs des idéaux premiers associés à M_1 ; on a évidemment $d_o \leqslant \dim_A M$ et $d_1 \leqslant \dim_A M_1$. Je dis qu'en outre:

$$s_1 = d_o - d_1 - 1 \geqslant 0 .$$

En effet, si $\underline{p}$ est un idéal premier associé à M , il suffit de prouver que $\underline{p} + (a_1)$ est contenu dans un idéal premier $\underline{q}$ associé à M_1 , ou comme a_1 annule M_1 , que $\underline{p}$ annule un élément de M_1 , c'est-à-dire que $\mathrm{Hom}(A/\underline{p}, M_1) \neq 0$.

Mais on a la suite exacte:

$$0 \longrightarrow \mathrm{Hom}(A/\underline{p}, M) \xrightarrow{a_1} \mathrm{Hom}(A/\underline{p}, M) \longrightarrow \mathrm{Hom}(A/\underline{p}, M_1) \longrightarrow \quad \ldots$$

et $\mathrm{Hom}(A/\underline{p},M_1)$ contient le module non nul $\mathrm{Hom}(A/\underline{p},M)/a_1 \mathrm{Hom}(A/\underline{p},M)$ (lemme de Nakayama) et n'est donc pas nul, c.q.f.d.

Si $d_1 \neq 0$, soit a_2 un élément quelconque de $\underline{r}$ qui n'appartient à aucun idéal premier associé à M_1 . Alors $\{a_1, a_2\}$ appartient à un système de paramètres et est une M-suite; soit $M_2 = M_1/a_2.M_1 \ldots$ On construit ainsi de proche en proche des modules $M, M_1, M_2 \ldots$ auxquels sont associés les nombres $d_o, d_1, d_2, \ldots, s_1, s_2, \ldots,$ et la M-suite $\{a_1, a_2, \ldots,\}$. Le procédé s'arrête lorsque $d_p = 0$ et fournit les égalités:

$\dim_A M = \dim_A M_p + p$, $\text{codh}_A M_p = 0$ et

$\text{codh}_A M = p = d_o - (s_1 + \ldots + s_p)$.

La proposition précédente affirme que le nombre p et la somme des "sauts", $s_1 + \ldots + s_p$, ne dépend pas de la construction faite. En outre, si l'on compare le raisonnement fait avec la construction d'un système de paramètres, on voit que toute M-suite peut être prolongée en un système de paramètres:

<u>Proposition 7</u>: <u>Si</u> $\underline{p}$ <u>est un idéal premier associé à</u> M , $\text{codh}_A M \leqslant \dim A/\underline{p}$. <u>Toute M-suite peut être prolongée en une suite de paramètres.</u>

Reste à établir quelques propriétés fonctorielles de $\text{codh}_A M$. La définition à l'aide des "Ext" permet d'en étudier quelques-unes. Par exemple, si $0 \longrightarrow M' \longrightarrow M \longrightarrow M'' \longrightarrow 0$ est une suite exacte, on a l'inégalité: $\text{codh}_A M \geqslant \text{Inf}(\text{codh}_A M', \text{codh}_A M'')$....

De même si l'on munit M de la topologie $\underline{r}$-adique, on a

$\widehat{\text{Ext}_A^n (k,M)} = \text{Ext}_{\hat{A}}^n (k,\hat{M})$, donc $\text{codh}_A M = \text{codh}_{\hat{A}} \hat{M}$ et la

<u>Proposition 8</u>: <u>Toute M-suite maximale de</u> A <u>est une</u> $\hat{M}$<u>-suite maximale de</u> $\hat{A}$.

En effet: si avec les notations ci-dessus, $\underline{a} = \{a_1, \ldots, a_p\}$ est une M-suite de A on a les suites exactes:

$0 \longrightarrow M_{i-1} \xrightarrow{a_i} M_{i-1} \longrightarrow M_i \longrightarrow 0$ et donc aussi

$$0 \longrightarrow \hat{M}_{i-1} \xrightarrow{a_i} \hat{M}_{i-1} \longrightarrow \hat{M}_i \longrightarrow 0 .$$

La suite $\underline{a}$ est donc une $\hat{M}$-suite de $\hat{A}$. Si en plus $\underline{a}$ est maximale pour M, elle est maximale pour $\hat{M}$ (égalité des codimensions).

La codimension homologique est une notion locale, comme le montre la proposition:

<u>Proposition 9</u>: $\operatorname{codh}_A M = \operatorname{Inf}_{\underline{m}} \operatorname{codh}_{A_{\underline{m}}} \cdot M_{\underline{m}}$, <u>où</u> m <u>parcourt les idéaux maximaux de l'anneau semi-local</u> A .

On peut le démontrer à l'aide des "Ext" , ou de la construction précédente, ou encore en remarquant qu'on peut supposer A complet; mais alors A est somme directe d'anneaux locaux (complets) et M somme directe de modules sur ces anneaux locaux; le résultat est trivial.

B) <u>MODULES DE COHEN-MACAULAY</u>

Dans tout ce paragraphe, A désigne un anneau local noethérien, d'idéal maximal $\underline{r}(A)$, et E désigne un A-module de type fini. On note Ass(E) l'ensemble des idéaux premiers de A associés à E (cf. Chap.I).

1. <u>Définition des modules de Cohen-Macaulay</u>.

On sait (prop.7) que, pour tout $\underline{p} \in \operatorname{Ass}(E)$, on a $\dim(A/\underline{p}) \geqslant \operatorname{codh}(E)$. Comme $\dim.E = \operatorname{Sup}.\dim(A/\underline{p})$ pour $\underline{p} \in \operatorname{Ass}(E)$, on a en particulier $\dim.E \geqslant \operatorname{codh}.E$.

<u>Définition 1:</u> <u>On dit que</u> E <u>est un module de Cohen-Macaulay si l'on a</u> $\operatorname{codh}(E) = \dim(E)$.

<u>On dit que</u> A <u>est un anneau de Cohen-Macaulay si c'est un module de Cohen-Macaulay lorsqu'on le considère comme module sur lui-même.</u>

<u>Exemples.</u> 1) Un anneau local d'Artin, un anneau local intègre de dimension 1, sont des anneaux de Cohen-Macaulay.

2) Un anneau local intègre et intégralement clos de dimension 2 est un anneau de Cohen-Macaulay. En effet, si x est un élément non nul de $\underline{r}(A)$, les idéaux premiers $\underline{p}$ de $\operatorname{Ass}(A/xA)$ sont de hauteur 1, donc distincts de $\underline{r}(A)$ puisque $\dim.A = 2$. On en conclut que $\operatorname{codh}(A/xA) \geqslant 1$ d'où $\operatorname{codh}(A) \geqslant 2$, ce qui montre bien que A est un anneau de Cohen-Macaulay.

<u>Proposition 10:</u> <u>Pour que le</u> A-<u>module</u> E <u>soit un module de Cohen-Macaulay il faut et il suffit que le</u> $\hat{A}$-<u>module complété</u> $\hat{E}$ <u>soit un module de Cohen-Macaulay.</u>

Cela résulte des formules $\operatorname{codh}(E) = \operatorname{codh}(\hat{E})$ et $\dim(E) = \dim(\hat{E})$.

<u>Proposition 11:</u> <u>Soient</u> A <u>et</u> B <u>deux anneaux locaux noethériens et soit</u> $\varphi: A \longrightarrow B$ <u>un homomorphisme qui fasse de</u> B <u>un</u> A-<u>module de type fini.</u> <u>Si</u> E <u>est un</u> B-<u>module de type fini, alors</u> E <u>est un</u> A-<u>module de Cohen-Macaulay si est seulement si c'est un</u> B-<u>module de Cohen-Macaulay.</u>

Cela résulte de la proposition plus générale suivante:

<u>Proposition 12:</u> <u>Soient</u> A <u>et</u> B <u>deux anneaux locaux noethériens, et soit</u> $\varphi: A \longrightarrow B$ <u>un homomorphisme qui fasse de</u> B <u>un</u>

<u>A-module de type fini. Si</u> E <u>est un</u> B-<u>module de type fini, on a alors:</u>

$$\mathrm{codh}_A(E) = \mathrm{codh}_B(E) \quad \underline{\text{et}} \quad \dim_A(E) = \dim_B(E) \quad .$$

L'homomorphisme φ applique $\underline{r}(A)$ dans $\underline{r}(B)$ puisque B est un A-module de type fini; soit $a_1,\dots,a_n$ une E-suite maximale de E considéré comme A-module. Si l'on pose $b_i = \varphi(a_i)$, les b_i forment une B-suite. De plus, cette B-suite est maximale; en effet, puisque (a_i) est maximale, il existe un sous-A-module non nul F' de $F = E/(a_1,\dots,a_n)E$ qui est annulé par $\underline{r}(A)$, et F' engendre un sous-B-module de F qui est de longueur finie sur B , ce qui montre bien que $b_1,\dots,b_n$ est une suite maximale. On a donc $\mathrm{codh}_A(E) = n = \mathrm{codh}_B(E)$. La formule sur la dimension se démontre immédiatement.

2. <u>Diverses caractérisations des modules de Cohen-Macaulay</u>.

<u>Proposition 13: Soit</u> E <u>un</u> A-<u>module de Cohen-Macaulay de dimension</u> n . <u>Pour tout</u> $\underline{p} \in \mathrm{Ass}(E)$, <u>on a</u> $\dim.A/\underline{p} = n$, <u>et</u> $\underline{p}$ <u>est un élément minimal de</u> Supp(E) .

On a en effet $\dim(E) \geqslant \dim(A/\underline{p}) \geqslant \mathrm{codh}(E)$ (cf.n°2), d'où $\dim(A/\underline{p}) = \dim(E) = n$, puisque les termes extrêmes sont égaux. De plus, $\underline{p}$ contient un élément minimal $\underline{p}'$ de V(E) , et $\underline{p}' \in \mathrm{Ass}(E)$, on le sait; ce qui précède montre que $\dim(A/\underline{p}')=n=\dim(A/\underline{p})$ d'où $\underline{p}' = \underline{p}$, c.q.f.d.

<u>Proposition 14: Soit</u> E <u>un</u> A-<u>module de Cohen-Macaulay de dimension</u> n , <u>et soit</u> $x \in \underline{r}(A)$ <u>tel que</u> $\dim(E/xE) = n-1$. <u>Alors</u>

<u>l'homothétie définie par</u> x <u>dans</u> E <u>est injective, et</u> E/xE <u>est un module de Cohen-Macaulay</u>.

Soient $\underline{p}_1,\ldots,\underline{p}_k$ les éléments de $\mathrm{Ass}(E)$. Si x appartenait à l'un des $\underline{p}_i$, disons $\underline{p}_1$, on aurait $\underline{p}_1 \in V(E/xE)$, d'où $\dim(E/xE) \geqslant n$. Donc x n'appartient à aucun des $\underline{p}_i$, ce qui signifie que l'homothétie définie par x dans E est injective. On a alors $\mathrm{codh}(E/xE) = \mathrm{codh}(E) - 1$ (corollaire de la prop. 6), d'où le fait que E/xE est de Cohen-Macaulay.

<u>Théorème 2</u>: <u>Si</u> E <u>est un module de Cohen-Macaulay, tout système de paramètres de</u> E <u>est une</u> E-<u>suite</u>. <u>Réciproquement, si un système de paramètres de</u> E <u>est une</u> E-<u>suite</u>, E <u>est un module de Cohen-Macaulay</u>.

Supposons que E soit un module de Cohen-Macaulay de dimension n , et soit $(x_1,\ldots,x_n)$ un système de paramètres de E . Nous allons montrer par récurrence sur k que $(x_1,\ldots,x_k)$ est une E-suite et que $E/(x_1,\ldots,x_k)E$ est un module de Cohen-Macaulay. Pour $k = 0$, c'est évident. On passe de k à $k+1$ en utilisant la prop.14, et en remarquant que $\dim(E/(x_1,\ldots,x_k)E) = n-k$ puisque les x_i forment un système de paramètres de E .

La réciproque est triviale.

<u>Corollaire</u>: <u>Si</u> E <u>est un module de Cohen-Macaulay, et si</u> $\underline{a}$ <u>est un idéal de</u> A <u>engendré par une partie à</u> k <u>éléments d'un système de paramètres de</u> A , <u>le module</u> $E/\underline{a}E$ <u>est un module de Cohen-Macaulay de dimension égale à</u> $\dim(E) - k$.

Cela a été démontré en cours de route.

La condition du th.2 peut se transformer en utilisant les résultats de (A). Soit E un A-module de dimension n, et soit $\underline{x} = (x_1,\dots,x_n)$ un système de paramètres de E ; on note également $\underline{x}$ l'idéal engendré par les x_i. On désigne par $e_n(\underline{x},E)$ la multiplicité de $\underline{x}$ par rapport à E (cf. théorème 1), par $H_q(\underline{x},E)$ les groupes d'homologie du complexe de l'algèbre extérieure défini par $\underline{x}$ et E, par $G_{\underline{x}}(E)$ le module gradué associé à E filtré par la filtration $\underline{x}$-adique. Avec ces notations, on a:

<u>Théorème 3</u>: <u>Soit</u> E <u>un</u> A-<u>module de dimension</u> n. <u>Si</u> E <u>est un module de Cohen-Macaulay, pour tout système de paramètres</u> $\underline{x} = (x_1,\dots,x_n)$ <u>de</u> E, <u>on a les propriétés suivantes</u>:

i) $e_n(\underline{x},E) = \ell(E/\underline{x}E)$, <u>longueur de</u> $E/\underline{x}E$.

ii) $G_{\underline{x}}(E) = (E/\underline{x}E)[X_1,\dots,X_n]$.

iii) $H_1(\underline{x},E) = 0$

iv) $H_q(\underline{x},E) = 0$ <u>pour tout</u> $q \geqslant 1$.

<u>Réciproquement, si un système de paramètres de</u> E <u>vérifie l'une quelconque de ces propriétés,</u> E <u>est un module de Cohen-Macaulay</u>.

Chacune des propriétés i), ii), iii), iv) est équivalente au fait que $\underline{x}$ est une E-suite: pour iii) et iv), c'est la prop.3 ; d'autre part i) et ii) sont équivalents (Chap.II, th.2); iv) entraîne i) d'après le théorème 1; enfin ii) entraîne que les $H_i(\underline{\xi},G(E))$ sont nuls pour $i \geqslant 1$ et que $H_0(\underline{\xi},G(E)) = E/\underline{x}E$, ce qui entraîne (cf. suite spectrale de A), n°3) que $H_i(\underline{x},E) = 0$ pour $i \geqslant 1$. Le théorème résulte de là.

3. Variété d'un module de Cohen-Macaulay.

Théorème 4: Soit E un module de Cohen-Macaulay de dimension n, et soient $x_1,\dots,x_r \in \underline{r}(A)$ tels que $\dim.E/(x_1,\dots,x_r)E = n-r$. Tout élément $\underline{p}$ de $Ass(E/(x_1,\dots,x_r)E)$ est tel que $\dim(A/\underline{p}) = n-r$.

L'hypothèse signifie que $x_1,\dots,x_r$ forment une partie d'un système de paramètres de E. D'après le corollaire au th.1, le module quotient $E/(x_1,\dots,x_r)E$ est un module de Cohen-Macaulay de dimension $n-r$, et le théorème s'ensuit en appliquant la proposition 13.

Le th.4 caractérise les modules de Cohen-Macaulay. De façon précise:

Théorème 5: Soit E un module de dimension n. Supposons que, pour toute famille $(x_1,\dots,x_r)$ d'éléments de $\underline{r}(A)$ tels que $\dim.E/(x_1,\dots,x_r)E = n-r$, et pour tout $\underline{p} \in Ass(E/(x_1,\dots,x_r)E)$, on ait $\dim(A/\underline{p}) = n-r$. Alors E est un module de Cohen-Macaulay.

On raisonne par récurrence sur n, le cas $n = 0$ étant trivial. Supposons donc $n \geqslant 1$. En appliquant l'hypothèse à la famille vide d'éléments x_i, on voit que $\dim(A/\underline{p}) = n$ pour tout $\underline{p} \in Ass(E)$; comme $\dim(E) \geqslant 1$, il y a donc $x_1 \in \underline{r}(A)$ qui n'appartient à aucun des $\underline{p} \in Ass(E)$. L'homothétie définie par x_1 dans E est alors injective, et l'on a:

$$\operatorname{codh}(E) = \operatorname{codh}(E/x_1E) + 1 \quad , \quad \dim(E) = \dim(E/x_1E) + 1 .$$

De plus, il est clair que le module E/x_1E vérifie les hypothèses du th.5 avec $n-1$ au lieu de n ; d'après l'hypothèse de récurrence c'est donc un module de Cohen-Macaulay, et il en est de même de E.

Théorème 6: Soit E un module de Cohen-Macaulay de dimension n, et soit $\underline{p} \in \mathrm{Supp}(E)$. Il existe alors un entier r, et une partie à r éléments $x_1,\ldots,x_r$ d'un système de paramètres de E, tels que $\underline{p} \in \mathrm{Ass}(E/(x_1,\ldots,x_r)E)$. On a alors $\dim(A/\underline{p}) = n-r$, $\dim(E_{\underline{p}}) = r$, et $E_{\underline{p}}$ est un $A_{\underline{p}}$-module de Cohen-Macaulay.

Soit $x_1,\ldots,x_r$ une partie d'un système de paramètres de E contenue dans $\underline{p}$ et maximale pour cette propriété. Soient $\underline{p}_i$ les éléments de $\mathrm{Ass}(E/(x_1,\ldots,x_r)E)$; d'après le th.4, on a

$$\dim(A/\underline{p}_i) = n-r \quad \text{pour tout } i .$$

Il en résulte en particulier que les $\underline{p}_i$ sont les éléments minimaux de $V(E/(x_1,\ldots,x_r)E)$. Comme $\underline{p} \in V(E)$, et que les $x_1,\ldots,x_r$ sont contenus dans $\underline{p}$, on a $\underline{p} \in V(E/(x_1,\ldots,x_r)E)$, et $\underline{p}$ contient l'un des $\underline{p}_i$, soit $\underline{p}_1$. Je dis que $\underline{p} = \underline{p}_1$. Sinon, en effet, on aurait $\dim(A/\underline{p}) < \dim(A/\underline{p}_1) = \dim(A/\underline{p}_i)$, d'où $\underline{p} \neq \underline{p}_i$ pour tout i, et on pourrait trouver dans $\underline{p}$ un élément x_{r+1} n'appartenant à aucun des $\underline{p}_i$; le système $x_1,\ldots,x_{r+1}$ ferait alors partie d'un système de paramètres de E, contrairement au caractère maximal du système $x_1,\ldots,x_r$.

On a donc $\underline{p} = \underline{p}_1$, ce qui montre que les x_i vérifient la condition de l'énoncé, et prouve en même temps que $\dim(A/\underline{p}) = n-r$. De plus, les x_i forment une $A_{\underline{p}}$-suite de $E_{\underline{p}}$, qui est en même temps un système de paramètres, puisque $\underline{p}$ est élément minimal de $V(E/(x_1,\ldots,x_r)E)$. Ceci prouve bien que $E_{\underline{p}}$ est un module de Cohen-Macaulay de dimension r, c.q.f.d.

Corollaire 1: Tout localisé d'un anneau de Cohen-Macaulay est un anneau de Cohen-Macaulay.

Corollaire 2: Soit E un module de Cohen-Macaulay, et soient $\mathfrak{p}$, $\mathfrak{p}'$ deux éléments de Supp(E) , avec $\mathfrak{p} \subset \mathfrak{p}'$. Toutes les chaînes saturées d'idéaux premiers joignant $\mathfrak{p}$ à $\mathfrak{p}'$ ont alors même longueur, à savoir $\dim(A/\mathfrak{p}) - \dim(A/\mathfrak{p}')$.

Il suffit de considérer le cas où $\mathfrak{p}$ et $\mathfrak{p}'$ sont consécutifs, c'est-à-dire où $\dim.A_{\mathfrak{p}'}/\mathfrak{p}A_{\mathfrak{p}'} = 1$; il faut alors montrer que $\dim(A/\mathfrak{p}) - \dim(A/\mathfrak{p}') = 1$. Or, en appliquant le th. 5 au module $E_{\mathfrak{p}'}$ on trouve:

$$\dim.E_{\mathfrak{p}} = \dim.E_{\mathfrak{p}'} - \dim.A_{\mathfrak{p}'}/\mathfrak{p}A_{\mathfrak{p}'} = \dim.E_{\mathfrak{p}'} - 1 \ .$$

En l'appliquant à E , on trouve:

$$\dim.E_{\mathfrak{p}} = \dim.E - \dim.A/\mathfrak{p}$$

$$\dim.E_{\mathfrak{p}'} = \dim.E - \dim.A/\mathfrak{p}' \ .$$

En éliminant $\dim.E_{\mathfrak{p}}$ et $\dim.E_{\mathfrak{p}'}$ de ces trois équations, on obtient bien $\dim.A/\mathfrak{p} - \dim.A/\mathfrak{p}' = 1$, c.q.f.d.

Corollaire 3: Soit A un anneau quotient d'un anneau de Cohen-Macaulay, et soient $\mathfrak{p} \subset \mathfrak{p}'$ deux idéaux premiers de A . Toutes les chaînes saturées d'idéaux premiers joignant $\mathfrak{p}$ à $\mathfrak{p}'$ ont alors même longueur, à savoir $\dim.A/\mathfrak{p} - \dim.A/\mathfrak{p}'$.

On se ramène aussitôt au cas d'un anneau de Cohen-Macaulay, qui est un cas particulier du cor.2 .

Corollaire 4: Soit A un anneau local intègre, quotient d'un anneau de Cohen-Macaulay, et soit $\mathfrak{p}$ un idéal premier de A . On a

$$\dim.A = \dim.A_{\mathfrak{p}} + \dim.A/\mathfrak{p} \ .$$

Cela résulte du cor.3 .

Remarque. L'intérêt des corollaires 3 et 4 provient du fait que tous les anneaux locaux de la géométrie algébrique (ou analytique) sont des quotients d'anneaux de Cohen-Macaulay - et en fait même des quotients d'anneaux réguliers, cf. § D).

4. Idéaux premiers et complétion.

Soit A un anneau, et soit $\hat{A}$ sa complétion. Si $\underline{p}$ est un idéal premier de A , l'idéal $\underline{p}\hat{A}$ n'est plus en général premier dans A ; *a priori* , il se peut même que sa décomposition primaire fasse intervenir des idéaux premiers *immergés* . On se propose de montrer dans ce qui suit que ce phénomène désagréable ne se produit pas lorsque A est un anneau de Cohen-Macaulay.

On va tout d'abord démontrer une proposition générale:

Proposition 15 : *Soient A et B deux anneaux noethériens, B étant une A-algèbre. On suppose que B est A-plat. Soit E un A-module de type fini. On a alors:*

$$(\ast) \qquad \mathrm{Ass}_B(E \otimes_A B) = \bigcup_{\underline{p} \in \mathrm{Ass}_A(E)} \mathrm{Ass}_B(B/\underline{p}B) .$$

Soit $\underline{p} \in \mathrm{Ass}(E)$. On a une suite exacte $0 \longrightarrow A/\underline{p} \longrightarrow E$, d'où, puisque B est A-plat, une suite exacte $0 \longrightarrow B/\underline{p}B \longrightarrow E \otimes_A B$, et on en déduit que $\mathrm{Ass}_B(B/\underline{p}B) \subset \mathrm{Ass}_B(E \otimes_A B)$. On a donc prouvé que le membre de droite de la formule $(\ast)$ est contenu dans le membre de gauche.

Pour prouver l'inclusion en sens inverse, soient $\underline{p}_1,\dots,\underline{p}_k$

les éléments de $Ass(E)$, et soit $0 = \bigcap Q_i$ une décomposition primaire réduite correspondant aux $\underline{p}_i$. Le module E se plonge dans la somme directe des E/Q_i , et $E \otimes_A B$ se plonge donc aussi dans la somme directe des $E/Q_i \otimes_A B$,

On en déduit : $Ass_B(E \otimes_A B) \subset \bigcup Ass_B(E/Q_i \otimes_A B)$,

et l'on est ramené à voir que $Ass_B(E/Q_i \otimes_A B) = Ass_B(B/\underline{p}_i B)$ autrement dit, on est ramené au cas où $Ass(E)$ est réduit à un seul élément $\underline{p}$.

Plaçons nous donc dans ce cas; on sait que l'on peut trouver une suite de composition de E formée de modules du type $A/\underline{q}_\alpha$, où $\underline{q}_\alpha$ est un idéal premier qui contient $\underline{p}$. En passant à $E \otimes_A B$, on en conclut que :

$$Ass_B(E \otimes_A B) \subset Ass_B(B/\underline{p}B) \cup \bigcup_\alpha Ass_B(B/\underline{q}_\alpha B) ,$$

où les $\underline{q}_\alpha$ contiennent strictement $\underline{p}$. Soit $S = A - \underline{p}$; les homothéties définies par les éléments de S sont injectives dans E , donc aussi dans $E \otimes_A B$ puisque B est A-plat; on a donc $\underline{p}' \cap S = \emptyset$ pour tout $\underline{p}' \in Ass(E \otimes_A B)$. D'autre part, puisque $\underline{q}_\alpha$ contient strictement $\underline{p}$, on a $(A/\underline{q}_\alpha)_S = 0$, d'où $(B/\underline{q}_\alpha B)_S = 0$, et $\underline{p}' \cap S \neq \emptyset$ pour tout $\underline{p}' \in Ass_B(B/\underline{q}_\alpha B)$. On a donc $Ass_B(E \otimes_A B) \cap Ass_B(B/\underline{q}_\alpha B) = \emptyset$, ce qui achève la démonstration.

Théorème 7: Soit A un anneau de Cohen-Macaulay, et soit $\underline{p}$ un idéal premier de A . Tout élément $\underline{p}' \in Ass_{\hat{A}}(\hat{A}/\underline{p}\hat{A})$ vérifie alors l'égalité $dim.\hat{A}/\underline{p}' = dim.A/\underline{p}$ (l'idéal $\underline{p}\hat{A}$ n'a donc aucune composante immergée).

Soit $r = dim.A - dim.A/\underline{p}$. D'après le théorème 6, il existe une partie à r éléments $x_1, \ldots, x_r$ d'un système de paramètres de A

telle que $\underline{p} \in \mathrm{Ass}(E)$, où $E = A/(x_1,\ldots,x_r)A$. De plus, d'après le th.4 , le module E est un module de Cohen-Macaulay de dimension dim.$A/\underline{p}$. Il en est donc de même du module complété $\hat{E}$. D'après la prop.5 (qui s'applique puisque $\hat{A}$ est A-plat), on a $\mathrm{Ass}(\hat{A}/\underline{p}\hat{A}) \subset \mathrm{Ass}(\hat{E})$. Mais, d'après la prop.3 appliquée à $\hat{E}$, tout $\underline{p}' \in \mathrm{Ass}(\hat{E})$ vérifie $\dim.\hat{A}/\underline{p}' = \dim.\hat{E}$, d'où le résultat.

Corollaire: Soit E un module de type fini sur un anneau de Cohen-Macaulay, et soit n un entier $\geqslant 0$. Si tout $\underline{p} \in \mathrm{Ass}(E)$ est tel que $\dim.A/\underline{p} = n$, il en est de même de tout $\underline{p}' \in \mathrm{Ass}(\hat{E})$.

Cela résulte du th.7, combiné avec la prop.15 .

Remarque. On serait encore plus content si l'on avait $\underline{p}\hat{A} = \bigcap \underline{p}'$, avec les notations du th.7. Malheureusement, c'est faux en général (même si A est régulier, cf. Nagata); c'est toutefois vrai pour les anneaux locaux de la géométrie algébrique (théorème de Chevalley), et plus généralement pour les anneaux "universellement japonais" de Grothendieck (EGA, Chap.IV, § 7) .

C) DIMENSION HOMOLOGIQUE DES MODULES NOETHÉRIENS

1) La dimension homologique d'un module .

Nous allons d'abord rappeler les définition d'Eilenberg-Cartan. Si A est un anneau commutatif, à élément unité différent de 0 (noethérien ou non) et si M est un A-module non nul (de type fini ou non), on appelle:

dimension homologie ou projective de M , la borne supérieure (finie ou infinie) $\mathrm{dh}_A M$ des entiers p tels que $\mathrm{Ext}_A^p(M,N) \neq 0$

pour au moins un A-module N ,

<u>dimension injective de M</u> , la borne supérieure $di_A M$ des entiers p tels que $Ext^p_A(N,M) \neq 0$ pour au moins un A-module N ,

<u>dimension homologique globale de A</u> , la borne supérieure gldh A des entiers p tels que $Ext^p_A(M,N) \neq 0$ pour au moins un couple de A-modules.

Dire que $dh_A(M) = 0$ (resp. $di_A M = 0$) c'est dire que M est projectif (resp. injectif).

Les inégalités qui suivent sont des conséquences directes des propriétés des foncteurs $Ext^p_A(M,N)$:

Si la suite $0 \longrightarrow M' \longrightarrow M \longrightarrow M'' \longrightarrow 0$ est exacte, alors:

$dh_A M \leqslant \sup(dh_A M', dh_A M'')$ et si l'inégalité stricte a lieu,

on a: $$dh_A M'' = dh_A M'+1 \quad ;$$

$di_A M \leqslant \sup(di_A M', di_A M'')$ et si l'inégalité stricte a lieu

on a: $$di_A M' = di_A M'' + 1 \quad ;$$

$dh_A M'' \leqslant \sup(dh_A M, dh_A M'+1)$ et si l'inégalité stricte a lieu

on a: $$dh_A M = dh_A M' \quad .$$

De même, si $0 = M_o \subset M_1 \subset \ldots \subset M_n = M$ est une suite de composition de M , $dh_A M \leqslant \sup_{1 \leqslant i \leqslant n} dh_A(M_i/M_{i-1})$,

<u>Proposition 16</u>: <u>Pour tout</u> A-<u>module</u> M , $di_A M$ <u>est la borne supérieure des entiers</u> p <u>tels que</u> $Ext^p_A(N,M) \neq 0$ <u>pour au moins un</u> A-<u>module de type fini</u> N .

Soit en effet dM cette borne supérieure. On a manifestement l'inégalité $di_A M \geq dM$ et l'égalité a lieu aussi manifestement si $dM = +\infty$. Supposons donc dM fini:

Si $dM = 0$, $\mathrm{Ext}^1_A(A/\underline{a},M) = 0$ pour tout idéal $\underline{a}$ de A et tout homomorphisme de $\underline{a}$ dans M se prolonge à A : donc M est injectif (Cartan-Eilenberg, Chap.I) et $di_A M = dM = 0$.

Supposons maintenant le résultat prouvé si $d\,M < n$ et montrons le si $d\,M = n$ $(n > 0)$. il existe alors une suite exacte du type

$$0 \longrightarrow M \longrightarrow Q \longrightarrow N \longrightarrow 0$$

où Q est un module injectif et $di_A M = di_A N+1$. On a manifestement aussi $d\,M = d\,N+1$, et $di_A N = d\,N$ (hypothèse de récurrence). D'où $d\,M = di_A M$.

<u>Corollaire (Auslander)</u>: $\mathrm{gldh}\,A = \sup dh_A M$, <u>où</u> L <u>parcourt les A-modules de type fini</u>.

En effet, si l'on désigne par $d(M,N)$ la borne supérieure des entiers p tels que $\mathrm{Ext}^p_A(M,N) \neq 0$, on a les égalités:

$$\mathrm{gldh}\,A = \sup_{M,N} d(M,N) = \sup_N (\sup_M d(M,N)) = \sup_N di_A N =$$

$$= \sup_N (\sup_{M'} d(M',N)) = \sup_{M'} (\sup_N d(M',N)) = \sup_{M'} dh_A M' ,$$

où M et N parcourent les A-modules, M' les A-modules de type fini.

2. <u>Le cas noethérien</u>.

A partir de maintenant, A sera de nouveau supposé noethérien et M sera un A-module de type fini:

Alors $dh_A M$ est la borne supérieure des entiers p tels que

$Ext_A^p(M,N) \neq 0$ pour au moins un A-module de type fini N (Cartan-Eilenberg, Chap.VI, prop.25). Or, tout N admet une suite de composition $0 = N_o \subset \dots \subset N_n = N$ telle que $N_i/N_{i-1} \simeq A/\underline{p}_i$, où $\underline{p}_i$ est un idéal premier de A . Il en résulte avec les notations du paragraphe précédent que, $d(M,N) \leqslant \operatorname{Sup}_i d(M,A/\underline{p}_i)$ et que $dh_A M \leqslant \operatorname{Sup}_p d(M,A/\underline{p})$ où $\underline{p}$ parcourt les idéaux premiers de A .

La proposition 21, Chapitre VI, d'Eilenberg-Cartan peut ainsi s'énoncer:

<u>Proposition 17</u>: <u>Les assertions suivantes sont équivalentes</u>;

a) $dh_A M \leqslant n$.

b) $Ext_A^{n+1}(M,A/\underline{p}) = 0$ <u>pour tout idéal premier</u> $\underline{p}$ <u>de</u> A .

c) <u>Pour toute suite exacte</u> $0 \longrightarrow M_n \longrightarrow \dots \longrightarrow M_o \longrightarrow M \longrightarrow 0$ <u>telle que</u> $M_o,\dots,M_{n-1}$ <u>sont projectifs</u>, M_n <u>est projectif</u>.

d) <u>Il existe une suite exacte</u> $0 \longrightarrow M_n \longrightarrow \dots \longrightarrow M_o \longrightarrow M \longrightarrow 0$, <u>où les</u> M_i <u>sont projectifs</u>, $0 \leqslant i \leqslant n$.

Bien entendu $Ext_A^p(M,N)$ et $Tor_p^A(M,N)$ sont des A-modules de type fini si M et N le sont: en effet, si M est de type fini, il existe une suite exacte:

$$M_n \longrightarrow \dots \longrightarrow M_1 \longrightarrow M_o \longrightarrow M \longrightarrow 0 \quad ,$$

où les M_i $(i \geqslant 0)$ sont des modules libres de type fini; les modules $Ext_A^p(M,N)$ et $Tor_p^A(M,N)$ sont donc des quotients de sous-modules de $Hom_A(M_p,N)$ et $M_p \otimes_A N$, et ces derniers sont évidemment de type fini.

Par un raisonnement analogue, on établit la

<u>Proposition 18 : Si</u> M <u>et</u> N <u>sont des modules de type fini sur l'anneau noethérien</u> A , <u>si</u> φ : $A \longrightarrow B$ <u>est un homomorphisme de</u> A <u>dans un anneau</u> B , <u>si enfin</u> B , <u>muni de la structure de A-module déterminée par</u> φ , <u>est A-plat, alors on a des isomorphismes naturels:</u>

$$\mathrm{Tor}_p^A(M,N) \otimes_A B \simeq \mathrm{Tor}_p^B(M \otimes_A B, N \otimes_A B) \quad ; \text{ et}$$

$$\mathrm{Ext}_A^p(M,N) \otimes_A B \simeq \mathrm{Ext}_B^p(M \otimes_A B, N \otimes_A B) .$$

Faisons, par exemple, la démonstration pour les "Ext": (Noter que celle pour les "Tor" vaut sans hypothèse de finitude).

Si avec les notations ci-dessus, $\underline{M}$ est le complexe défini par $(\underline{M})_n = M_n$ et $d_n = \varphi_n$, $M_n \otimes_A B$ est B-libre et le complexe $\underline{M} \otimes_A B$, muni de l'augmentation $\varepsilon \otimes 1$, fournit une résolution projective de $M \otimes_A B$. On a donc:

$$\mathrm{Ext}_B^p(M \otimes_A B, N \otimes_A B) \simeq H^p(\mathrm{Hom}_B(\underline{M} \otimes_A B, N \otimes_A B)) \simeq H^p(\mathrm{Hom}_A(\underline{M},N) \otimes_A B)$$

(car M_n est un module libre de type fini).

Mais B étant A-plat, on a évidemment:

$$H^p(\mathrm{Hom}_A(\underline{M},N) \otimes_A B) \simeq H^p(\mathrm{Hom}_A(\underline{M},N)) \otimes_A B = \mathrm{Ext}_A^p(M,N) \otimes_A B \ , \qquad \text{q.e.d.}$$

Cette proposition s'applique si $B = A[X]$, où X est une indéterminée, si $B = \hat{A}$ est le complété de A pour une topologie $\underline{m}$-adique et si $B = A_S$ où S est une partie multiplicativement stable de A :

<u>Corollaire 1: Si</u> $(A,\underline{m})$ <u>est un anneau de Zariski et</u> M <u>un A-modu-</u>

le de type fini, muni de la filtration $\underline{m}$-adique, on a :

$$dh_A\, M = dh_{\hat A}\, \hat M$$

En effet, si $\mathrm{Ext}^n(M,N) \neq 0$, $\mathrm{Ext}^n(M,N)$ est séparé et son complété $\mathrm{Ext}^n(\hat M,\hat N)$ n'est pas nul: d'où $dh_{\hat A}\, \hat M \geqslant dh_A\, M$.

L'inégalité opposée résulte de la propriété plus générale:

Proposition 19: Sous les hypothèses de la proposition précédente $dh_B\,(B \otimes_A M) \leqslant dh_A\, M$.

En effet, si $0 \longrightarrow M_n \longrightarrow \dots \longrightarrow M_o \longrightarrow M \longrightarrow 0$ est une résolution projective de M , la suite

$0 \longrightarrow M_n \otimes_A B \longrightarrow \dots \longrightarrow M_o \otimes_A B \longrightarrow M \otimes_A B \longrightarrow 0$ est exacte;

d'autre part, M_n étant facteur direct d'un A-module libre, $M_n \otimes_A B$ est facteur d'un B-module libre et est donc B-projectif, d'où l'assertion.

Corollaire 2: $dh_A\, M = \sup_{\underline{p}} dh_{A_{\underline{p}}}\, M_{\underline{p}} = \sup_{\underline{m}} dh_{A_{\underline{m}}}\, M_{\underline{m}}$ *, où $\underline{p}$ parcourt les idéaux premiers de A et $\underline{m}$ les idéaux maximaux.*

En effet, d'après la proposition précédente, $dh_{A_{\underline{p}}}\, M_{\underline{p}} \leqslant dh_A\, M$.

D'autre part, si $\mathrm{Ext}_A^p\,(M,N) = P \neq 0$, $P_{\underline{m}}$ est différent de 0 pour au moins un idéal maximal, d'où l'assertion.

Le corollaire 2 ramène l'étude de la dimension homologique à l'étude de la dimension homologique d'un module sur un *anneau local:*

3. Le cas local.

Proposition 20: Si A est un anneau local, $\underline{m}$ son idéal maximal, $k = A/\underline{m}$ son corps résiduel et si M est un A-module (de type fini), les propositions suivantes sont équivalentes:

a) M est libre .

b) M est projectif.

c) $\mathrm{Tor}_1(M,k) = 0$.

Les implications a) $\Longrightarrow$ b) $\Longrightarrow$ c) sont claires et il reste à montrer que c) $\Longrightarrow$ a) :

Supposons donc que $\mathrm{Tor}_1(M,k) = 0$ et soient $x_1,\ldots,x_n$ des éléments de M dont les images dans $M/\underline{m}M$ forment une k-base. Soit P le A-module libre engendré par les lettres $e_1,\ldots,e_n$ soit φ l'homomorphisme de P dans M qui applique e_i sur x_i et soit $N = \mathrm{Ker}\,\varphi$, $L = \mathrm{Coker}\,\varphi$. On a alors une suite exacte:

$0 \longrightarrow N \longrightarrow P \longrightarrow M \longrightarrow L \longrightarrow 0$, qui entraîne la suite exacte
$P/\underline{m}P \xrightarrow{\bar{\varphi}} M/\underline{m}M \longrightarrow L/\underline{m}L \longrightarrow 0$.

Comme $\bar{\varphi}$ est surjectif, $L/\underline{m}L$ est nul, d'où $L = 0$ (Nakayama) et φ est surjectif. Ainsi la suite $0 \longrightarrow N \longrightarrow P \longrightarrow M \longrightarrow 0$ est exacte et donne naissance à la suite exacte:
$\mathrm{Tor}_1(P,k) = 0 \longrightarrow \mathrm{Tor}_1(M,k) = 0 \longrightarrow N/\underline{m}N \longrightarrow P/\underline{m}P \longrightarrow M/\underline{m}M \longrightarrow 0$.

Mais $\bar{\varphi}$ est injectif et $N/\underline{m}N$ et N sont donc nuls, c.q.f.d.

Corollaire: Si A est un anneau noethérien et M un A-module de type fini, M est projectif si et seulement si pour tout idéal maximal $\underline{m}$ de A , $M_{\underline{m}}$ est un $A_{\underline{m}}$-module libre.

Résulte de l'égalité: $\mathrm{dh}_A M = \sup_{\underline{m}} \mathrm{dh}_{A_{\underline{m}}} M_{\underline{m}}$.

<u>Théorème 8: Sous les hypothèses de la proposition précédente; les assertions qui suivent sont équivalentes:</u>

a) $dh_A M \leqslant n$.

b) $Tor_p^A (M,N) = 0$ <u>si</u> $p > n$ <u>et si</u> N <u>est un A-module</u>

c) $Tor_{n+1}^A (M,k) = 0$.

Il est trivial que a) $\Longrightarrow$ b) $\Longrightarrow$ c) . Montrons que c) $\Longrightarrow$ a): en effet, il existe une suite exacte du type:

$$0 \longrightarrow M_n \xrightarrow{\varphi_n} M_{n-1} \xrightarrow{\varphi_{n-1}} \dots \longrightarrow M_o \longrightarrow M \xrightarrow{\varphi_o} 0 \quad \text{où}$$

les modules M_o , $M_1, \dots\dots, M_{n-1}$ sont libres. Soit donc $Z_i = \text{Ker } \varphi_i$, $0 \leqslant i \leqslant n-1$.

Alors la suite $0 \longrightarrow Z_i \longrightarrow M_i \longrightarrow Z_{i-1} \longrightarrow 0$ est exacte et $Tor_k (Z_i,k) = Tor_{k+1}(Z_{i-1},k)$ si $k \geqslant 1$. Il en résulte que:

$$Tor_1(M_n,k) = Tor_2(Z_{n-2},k) = Tor_n(Z_o,k) = Tor_{n+1}(M,k) = 0$$

d'où le résultat.

<u>Corollaire 1: Si M est un module de type fini sur un anneau noethérien, les propositions suivantes sont équivalentes:</u>

a) $dh_A M \leqslant n$.

b) $Tor_p^A (M,N) = 0$ <u>si</u> $p > n$ <u>et si</u> N <u>est un A-module</u>.

c) $Tor_{p+1}^A (M,A/\underline{m}) = 0$ <u>pour tout idéal maximal</u> $\underline{m}$.

Résulte du théorème et des deux propositions précédentes.

<u>Corollaire 2</u>: <u>Si</u> A <u>est un anneau noethérien, on a les équivalences</u>

a) gldh A $\leqslant$ n .

b) Tor^A_{n+1} ($A/\underline{m}$, $A/\underline{m}$) = 0 <u>pour tout idéal maximal</u> $\underline{m}$.

En effet, il est trivial que a) $\Longrightarrow$ b) . Réciproquement, si $\mathrm{Tor}^A_{n+1}(A/\underline{m}, A/\underline{m}) = 0$, $\mathrm{Tor}^A_{n+1}(A/\underline{m}, A/\underline{n})$ est nul pour tout idéal maximal $\underline{n}$ (l'annulateur de $\mathrm{Tor}^A_p(M,N)$ contient les annulateurs de M et de N) . Donc $dh_A(A/\underline{m}) \leqslant n$ et il existe une résolution projective $0 \longrightarrow L_n \longrightarrow \ldots \longrightarrow L_o \longrightarrow A/\underline{m} \longrightarrow 0$.

Mais ceci entraîne que $\mathrm{Tor}^A_{n+1}(M,A/\underline{m}) = 0$ pour tout M , d'où l'assertion.

D) <u>LES ANNEAUX RÉGULIERS</u>

On appelle <u>anneau régulier</u> un anneau noethérien de dimension homologique globale finie.

1. <u>Propriétés et caractérisations des anneaux locaux réguliers.</u>

Soit A un anneau local régulier, n = gldh A , $\underline{m}$ l'idéal maximal de A , $k = A/\underline{m}$ et M un A-module. La proposition suivante compare dh_A et $codh_A$ M et justifie le nom de "codimension homologique":

<u>Proposition 21</u>: $dh_A\, M + codh_A\, M = n$

La proposition est vraie si $codh_A\, M = 0$, car il existe alors une injection de k dans M ($0 \longrightarrow k \longrightarrow M$) , et, comme Tor_n est exact à gauche, une injection de $\mathrm{Tor}_n(k,k)$ dans $\mathrm{Tor}_n(M,k)$:

$$0 \longrightarrow \mathrm{Tor}_n(k,k) \longrightarrow \mathrm{Tor}_n(M,k) \quad .$$

Mais, $\mathrm{Tor}_n(k,k)$ n'est pas nul (voir paragraphe 6) et il en va de même de $\mathrm{Tor}_n(M,k)$: d'où $dh_A\, M = 0$.

Supposons maintenant la proposition démontrée par récurrence pour tous les modules dont la codimension homologique est inférieure à $\mathrm{codh}_A\, M$, et prouvons la pour M :

Il suffit de considérer le cas où $\mathrm{codh}_A\, M > 0$, c'est-à-dire où il existe un a de $\underline{m}$ qui n'est pas diviseur de 0 dans M . On a alors la suite exacte:

$0 \longrightarrow M \xrightarrow{a} M \longrightarrow M_1 \longrightarrow 0$, où $M_1 = M/a.M$, et où $\mathrm{codh}_A\, M_1 = \mathrm{codh}_A M - 1$. Comme par l'hypothèse de récurrence,

$\mathrm{codh}_A\, M_1 + dh_A\, M_1 = n$, il reste à prouver que $dh_A\, M_1 = dh_A\, M + 1$:

Or, dans la suite d'homologie:

$$\mathrm{Tor}_p(M,k) \xrightarrow{a} \mathrm{Tor}_p(M,k) \longrightarrow \mathrm{Tor}_p(M_1,k) \longrightarrow \mathrm{Tor}_{p-1}(M,k) \xrightarrow{a} \mathrm{Tor}_{p-1}(M,k)$$

a appartient à l'annulateur de k , et on a les suites exactes partielles:

$$0 \longrightarrow \mathrm{Tor}_p(M,k) \longrightarrow \mathrm{Tor}_p(M_1,k) \longrightarrow \mathrm{Tor}_{p-1}(M,k) \longrightarrow 0 \; .$$

Comme la nullité de $\mathrm{Tor}_{p-1}(M,k)$ entraîne celle de $\mathrm{Tor}_p(M,k)$, on a l'équivalence : $\mathrm{Tor}_p(M_1,k) = 0 \Longleftrightarrow \mathrm{Tor}_{p-1}(M,k) = 0$ c.q.f.d.

<u>Corollaire 1</u>: <u>Pour que</u> $dh_A\, M$ <u>soit égale à</u> n , <u>il faut et il suffit que</u> $\underline{m}$ <u>soit associé à</u> M .

<u>Corollaire 2</u>: <u>Supposons que</u> $\dim.M = n$. <u>Pour que</u> M <u>soit un module de Cohen-Macaulay, il faut et il suffit que ce soit un</u> A-<u>module libre</u>.

En effet " M est libre " $\Longleftrightarrow dh_A M = 0 \Longleftrightarrow \mathrm{codh}_A M = n = \dim.M$.

<u>Corollaire 3</u>: <u>Tout anneau local régulier est un anneau de Cohen-Macaulay</u>.

Cela résulte du corollaire 2, appliqué à $M = A$.

<u>Proposition 22</u>: <u>Soit</u> A <u>un anneau local régulier de dimension</u> n , <u>et soit</u> B <u>un anneau local, de dimension</u> n , <u>qui soit une</u> A-<u>algèbre de type fini</u> (en tant que A-module). <u>Pour que</u> B <u>soit un anneau de Cohen-Macaulay, il faut et il suffit que ce soit un</u> A-<u>module libre</u>.

Cela résulte de la proposition 11 et du Corollaire 2 ci-dessus.

<u>Corollaire</u>: <u>Si</u> B <u>est régulier, c'est un</u> A-<u>module libre</u>.

C'est clair.

Ceci nous permet de trouver d'autres caractérisations des anneaux locaux réguliers:

<u>Théorème 9</u>: <u>Les propositions suivantes sont équivalentes</u>:

a) A <u>est régulier</u>.

b) $\underline{m}$ <u>peut être engendré par</u> $r = \dim A$ <u>éléments</u>.

c) <u>La dimension sur</u> k <u>de l'espace vectoriel</u> $\underline{m}/\underline{m}^2$ <u>est</u> $r = \dim A$.

d) <u>L'anneau gradué</u> $G_{\underline{m}}(A)$, <u>associé à l'anneau</u> A <u>muni de la filtration</u> $\underline{m}$-<u>adique, est isomorphe à l'algèbre de polynômes</u> $k[X_1 \ldots X_r]$.

On sait que l'application canonique de $\underline{m}$ sur $\underline{m}/\underline{m}^2$ établit une correspondance surjective entre les systèmes de générateurs de $\underline{m}$ et les k-bases de $\underline{m}/\underline{m}^2$. Donc b) $\Longleftrightarrow$ c). D'autre part, il est clair que d) $\Longleftrightarrow$ c). Réciproquement b) $\Longleftrightarrow$ d): car si $\underline{m}$ est engendré par r éléments on a les inégalités:

$$1 \leqslant \Delta^r P_{\underline{m}}(A,n) = e_{\underline{m}}(A,r) \leqslant \ell(A/\underline{m}) = 1$$

d'où $e_{\underline{m}}(A,r) = \ell(A/\underline{m})$ et la proposition 9 du chapitre II s'applique.

Montrons l'implication b) et d) $\Longrightarrow$ a) : d) entraîne que A est un anneau de Cohen-Macaulay. Si donc $\underline{x} = \{x_1,\ldots,x_r\}$ est un système de paramètres qui engendre $\underline{m}$, $\underline{x}$ est une A-suite. Autrement dit, le complexe à gauche sur $k, K(\underline{x},A)$, fournit une résolution projective (et même libre) de k :

$$0 \longrightarrow K_n(\underline{x},A) \xrightarrow{d_n} \ldots \xrightarrow{d_1} K_o(\underline{x},A) \xrightarrow{\varepsilon} k \longrightarrow 0$$

$K_o(\underline{x},A) \simeq A$ et ε est l'application canonique de A sur k.

Pour tout A-module M on a donc l'égalité $\mathrm{Tor}_n(M,k) \simeq H_n(\underline{x},M)$.

En particulier $\mathrm{Tor}_i(k,k) \simeq K_n(\underline{x},k) = H_n(\underline{x},k) = K_i(\underline{x}) \otimes_A k$,

d'où $\mathrm{Tor}_i^A k \simeq \Lambda^i (k^r), \mathrm{Tor}_{r+1}^A(k,k) = 0$, $\mathrm{Tor}_r^A (k,k) = k$.

On a bien $\mathrm{gldh}\, A = r = n < +\infty$, c.q.f.d.

Montrons enfin que: a) $\Longrightarrow$ c):

De $\mathrm{dh}_A A = 0$ et $\mathrm{dh}_A A + \mathrm{codh}_A A = n$ on tire $\mathrm{codh}_A A = n$, et $n = \mathrm{codh}_A A \leqslant \dim A = r$.

<u>Si</u>, d'autre part, <u>nous admettons que</u> l'application canonique de $K_i(\underline{x},k)$ dans $\mathrm{Tor}_i(k,k)$ est une injection, où $\underline{x} = (x_1,\ldots,x_s)$, $s \geqslant r$, désigne une système minimal de générateurs de $\underline{m}$, i.e. induit une base de $\underline{m}/\underline{m}^2$ (ceci est valable pour tout <u>anneau local</u> A: pour une démonstration voir Appendice I) on trouve que $\mathrm{Tor}_r(k,k) \neq 0$ et donc que $n \geqslant r$. D'où les inégalités:

$$r \leqslant [\underline{m}/\underline{m}^2 : k] \leqslant n = \mathrm{codh}_A A \leqslant \dim A = r,$$

et le résultat.

Corollaire 1: Si $\underline{x} = \{x_1, \ldots, x_r\}$ est un système de paramètres engendrant l'idéal maximal $\underline{m}$ de l'anneau local régulier A , et si M est un A-module, on a un isomorphisme naturel $\mathrm{Tor}_i(M,k) \simeq H_i(\underline{x},M)$.

D'après le paragraphe (A) 2, on a alors même les isomorphismes $\mathrm{Tor}_i^A(k,M) \simeq H_i(\underline{x},m) \simeq \mathrm{Ext}_A^{r-i}(k,M)$.

En particulier $\mathrm{Tor}_i(k,M)$ est nul si et seulement si $\mathrm{Ext}^{r-i}(k,M)$ l'est. On retrouve ainsi l'égalite $\mathrm{dh}_A\, M + \mathrm{codh}_A\, M = r$.

Corollaire 2: (Théorème de syzygies): Si A est un anneau local régulier de dimension n , $n = \dim A = \mathrm{gldh}\, A$.

Corollaire 3: Un anneau local régulier A est intègre et intégralement clos.

En effet $G(A)$ est un anneau de polynômes et est intègre et intégralement clos; mais si $G(A)$ l'est, A l'est aussi (si A est séparé).

Corollaire 4: (Auslander-Buchsbaum): Tout anneau local régulier est factoriel.

C'est une propriété générale des anneaux intègres noethériens intégralement clos dans lesquels tout idéal admet une résolution finie par des modules libres (cf. Bourbaki, Alg.Comm., Chap.VII, § 4).

Les derniers corollaires que nous donnerons concernent les anneaux locaux réguliers de petite dimension:

Corollaire 5: Un anneau local de dimension 0 est régulier si et seulement si c'est un corps.

Corollaire 6: Un anneau local de dimension 1 est régulier si et

<u>seulement si c'est un anneau de valuation discrète.</u>

2. <u>Propriétés de permanence des anneaux locaux réguliers</u>.

Si A est un anneau local régulier, on appelle <u>système régulier de paramètres de</u> A, tout système $\underline{x} = \{x_1,\ldots,x_n\}$ de paramètres de A qui engendre l'idéal maximal $\underline{m}$. Nous savons déjà que tous les systèmes de paramètres de A sont des A-suites. Parmi ces systèmes, les systèmes réguliers sont caractérisés par la

<u>Proposition 22: Si</u> $\{x_1,\ldots,x_p\}$ <u>sont</u> p <u>éléments de l'idéal maximal</u> $\underline{m}$ <u>de l'anneau local régulier</u> A, <u>les trois propositions suivantes sont équivalentes:</u>

a) $x_1,\ldots,x_p$ <u>font partie d'un système régulier de paramètres de</u> A.

b) <u>Les images</u> $\dot{x}_1,\ldots,\dot{x}_p$ <u>de</u> $x_1,\ldots,x_p$ <u>dans</u> $\underline{m}/\underline{m}^2$ <u>sont linéairement indépendantes sur</u> k.

c) <u>L'anneau local</u> $A/(x_1,\ldots,x_p)$ <u>est régulier, et sa dimension est</u> $\dim A - p$. (<u>En particulier</u> $(x_1,\ldots,x_p)$ <u>est un idéal premier</u>.)

a) $\Longleftrightarrow$ b): En effet les systèmes réguliers de paramètres de A correspondent aux k-bases de $\underline{m}/\underline{m}^2$.

a), b) $\Longrightarrow$ c): En effet on a une suite exacte:

$$0 \longrightarrow \underline{p}/\underline{p}\cap\underline{m}^2 \longrightarrow \underline{m}/\underline{m}^2 \longrightarrow \underline{n}/\underline{n}^2 \longrightarrow 0$$

où $\underline{p} = (x_1,\ldots,x_p)$ et $\underline{n} = \underline{m}/\underline{p}$ et donc les équivalences:

$$\text{b)} \Longleftrightarrow [\underline{p}/\underline{p}\cap\underline{m}^2 : k] = p \Longleftrightarrow [\underline{n}/\underline{n}^2 : k] = \dim A - p$$

Mais, $x_1,\ldots,x_p$ faisant partie d'un système de paramètres de A, $A/(x_1,\ldots,x_p)$ a pour dimension $\dim A - p$, d'où le résultat.

c) $\Longrightarrow$ b): En effet c) équivaut aux deux conditions:

$[\underline{n}/\underline{n}^2 : k] = \dim A/\underline{p}$ et $\dim A/\underline{p} = \dim A - p$.

Corollaire: Si $\underline{p}$ est un idéal de l'anneau régulier A , les deux propositions suivantes sont équivalentes:

a) $A/\underline{p}$ est un anneau local régulier.

b) $\underline{p}$ est engendré par des éléments d'un système régulier de paramètres de A .

Seule l'implication a) $\Longrightarrow$ b) reste à démontrer:

Mais si $\underline{n} = \underline{m}/\underline{p}$, on a toujours la suite exacte:

$$0 \longrightarrow \underline{p}/\underline{p} \cap \underline{m}^2 \longrightarrow \underline{m}/\underline{m}^2 \longrightarrow \underline{n}/\underline{n}^2 \longrightarrow 0$$, et comme

$$[\underline{n}/\underline{n}^2 : k] = \dim A/\underline{p} = \operatorname{coht}_A \underline{p} ,$$

on a $[\underline{p}/\underline{p} \cap \underline{m}^2 : k] = \operatorname{ht}_A \underline{p}$.

Si $x_1,\ldots,x_p$ sont donc des éléments de $\underline{p}$ dont l'image dans $\underline{m}/\underline{m}^2$ forme une k-base de $\underline{p}/\underline{p} \cap \underline{m}^2$, alors l'idéal $(x_1,\ldots,x_p)$ est premier et de hauteur $p = \operatorname{ht}_A \underline{p}$; d'où $\underline{p} = (x_1,\ldots,x_p)$, c.q.f.d.

Proposition 23: Si $\underline{p}$ est un idéal premier de l'anneau régulier A , alors l'anneau local $A_{\underline{p}}$ est régulier.

En effet, il résulte des propriétés démontrées dans le paragraphe (B) que, pour tout anneau noethérien A , on a l'égalité: $\operatorname{gldh} A = \operatorname{Sup}_{\underline{p}} \operatorname{gldh} A_{\underline{p}}$, où $\underline{p}$ parcourt les idéaux premiers de A .

Proposition 24: Si $\hat{A}$ est le complété de l'anneau local A pour la topologique $\underline{m}$-adique ($\underline{m}$ = radical de A) , on a l'équivalence:

$$A \text{ régulier} \Longleftrightarrow \hat{A} \text{ régulier}$$

En effet $G(A) = G(\hat{A})$.

Cette dernière caractérisation des anneaux locaux réguliers est très utilisée dans la "pratique" , à cause du théorème suivant:

<u>Théorème 10</u>: <u>Si</u> A <u>est un anneau local complet, et si</u> A <u>et</u> $k = A/\underline{m}$ <u>ont même caractéristique</u> ($\underline{m}$ = idéal maximal), <u>les propositions suivantes sont équivalentes</u>:

a) A <u>est régulier</u>.

b) A <u>est isomorphe à un anneau de séries formelles</u> $k[[X_1,\dots,X_n]]$.

En effet b) $\Longrightarrow$ a) trivialement.

Réciproquement, a) $\Longrightarrow$ b): admettons en effet que tout anneau local complet A , qui a même caractéristique que son corps résiduel k , contient un corps k' s'appliquant sur k (théorème de Cohen). Pour tout système régulier $\{x_1,\dots,x_n\}$ de paramètres de A , il existe alors un homomorphisme unique φ de $k'[X_1,\dots,X_n]$ dans A qui applique X_i sur x_i . Comme A est complet, φ se prolonge à $k'[[X_1,\dots,X_n]]$. Enfin, comme A est régulier, l'application $G(\varphi)$ de $G(k'[[X_1,\dots,X_n]])$ dans $G(A)$ est un isomorphisme. Il en va de même de φ (Chapitre II).

On trouvera dans le séminaire Cartan-Chevalley de 1955-1956 une démonstration du <u>théorème de Cohen</u> ainsi que des applications du théorème précédent (dérivations dans les anneaux locaux, factorialité, ... Exposés Godement 17, 18, 19).

3. <u>Délocalisation</u> .

Il résulte de ce qui précède que les <u>anneaux réguliers</u> sont les <u>anneaux de dimension finie</u> tels que <u>pour tout idéal maximal</u> $\underline{m}$, $A_{\underline{m}}$ <u>soit un anneau local régulier</u>, et pour ces anneaux la dimension coïncide avec la dimension homologique globale:

dim A = gldh A , si A est régulier.

Les corps et les anneaux de Dedekind sont les "meilleurs" exemples d'anneaux réguliers. A partir d'eux on obtient les anneaux de polynômes à l'aide de la

<u>Proposition 25</u>: <u>Si</u> A <u>est un anneau régulier et</u> $A[X]$ <u>l'anneau des polynômes en</u> X <u>à coefficients dans</u> A , $A[X]$ <u>est régulier et</u> $\text{gldh}\, A[X] = \text{gldh}\, A + 1$

Nous allons d'abord vérifier l'inégalité: $\text{gldh}\, A[X] \leqslant \text{gldh}\, A + 1$.

Celle-ci est conséquence du:

<u>Lemme</u>: <u>Si</u> M <u>est un</u> $A[X]$ <u>-module, alors</u> $dh_{A[X]}(M) \leqslant dh_A M + 1$.

Nous allons d'abord préciser le lemme dans le cas où $M = A[X] \otimes_A N$, et où N est un A-module (on posera $M = N[X]$): nous avons vu qu'alors $dh_{A[X]} N[X] \leqslant dh_A N$ (voir paragraphe (B): $A[X]$ est un A-plat) .

Si maintenant M est un $A[X]$ -module quelconque, c'est en particulier un A-module et nous désignerons par $M[X]$ le $A[X]$ -module défini par le A-module M (Attention: $X(a \otimes_A m) = (Xa) \otimes_A m \neq a \otimes_A m X$).

On a alors une suite exacte (cf. Bourbaki, <u>Alg</u>.VII,App.):

$$0 \longrightarrow M[X] \xrightarrow{\ \psi\ } M[X] \xrightarrow{\ \varphi\ } M \longrightarrow 0 ,$$

où $\varphi(\sum_i X^i \otimes_A m_i) = \sum_i X^i m_i$,

et $\psi(\sum_i X^i \otimes_A m_i) = \sum_i X^{i+1} \otimes_A m_i - \sum X^i \otimes_A X m_i$.

D'où $dh_{A[X]} M \leqslant \mathrm{Sup}\,(dh_{A[X]} M[X]\;,\; dh_{A[X]} M[X] + 1) =$

$= \mathrm{Sup}\,(dh_A M\;,\; dh_A M + 1) = dh_A M + 1$ c.q.f.d.

Montrons enfin que $\mathrm{gldh}\, A[X] \geqslant \mathrm{gldh}\, A + 1$: en effet si $\underline{m}$ est un idéal de A tel que $ht_A\, \underline{m} = \dim A = \mathrm{gldh}\, A$, on a manifestement $\mathrm{gldh}\, A[X] = \dim A[X] \geqslant ht_{A[X]}(\underline{m}[X]\,,\, X) \geqslant$

$\geqslant ht_{A[X]}\underline{m}[X] + 1 \geqslant ht_A\, \underline{m} + 1$.

<u>Corollaire (Théorème des syzygies)</u>: <u>Si</u> k <u>est un corps</u>, $k[X_1,\ldots,X_n]$ <u>est régulier</u>.

Comme toute algèbre affine est quotient d'anneau de polynômes, on retrouve ainsi les propriétés des chaînes d'idéaux premiers dans les algèbres affines.

4. <u>Un critère de normalité</u>.

<u>Théorème 11</u>: <u>Soit</u> A <u>un anneau local noethérien</u>. <u>Pour que</u> A <u>soit normal, il faut et il suffit qu'il vérifie les deux conditions suivantes</u>:

(i) <u>Pour tout idéal premier</u> $\underline{p}$ <u>de</u> A, <u>tel que</u> $ht(\underline{p}) \leqslant 1$, <u>l'anneau local</u> $A_{\underline{p}}$ <u>est régulier</u> (i.e. un corps ou un anneau de valuation discrète, suivant que $ht(\underline{p}) = 0$ ou 1).

(ii) <u>Si</u> $ht(p) \geqslant 2$, <u>on a</u> $\mathrm{codh}(A_{\underline{p}}) \geqslant 2$.

Supposons A normal, et soit $\underline{p}$ un idéal premier de A. Si $ht(\underline{p}) \leqslant 1$, on sait que $A_{\underline{p}}$ est régulier (cf. Chap.III, prop.9). Si $ht(\underline{p}) \geqslant 2$, soit x un élément non nul de $\underline{p}A_{\underline{p}}$; on sait (<u>loc.cit.</u>) que tout idéal premier essentiel de $xA_{\underline{p}}$ dans $A_{\underline{p}}$ est de hauteur 1 ; aucun d'eux n'est donc égal à $\underline{p}A_{\underline{p}}$, ce qui montre bien que $\mathrm{codh}(A_{\underline{p}}) \geqslant 2$

Inversement, supposons que A vérifie (i) et (ii) . Si l'on sait déjà que A est <u>intègre</u>, la prop.9 du Chap.III déjà citée montre tout de suite que A est normal. Dans le cas général, on commence par établir directement que A est réduit (i.e. sans éléments nilpotents), puis qu'il est égal à sa fermeture intégrale dans son anneau total de fractions. Je renvoie pour les détails à Grothendieck, EGA, Chap.IV, th.5.8.6.

APPENDICE I

RÉSOLUTIONS MINIMALES

Dans ce qui suit, on désigne par A un anneau local noethérien, d'idéal maximal $\underline{m}$, de corps résiduel k . Tous les A-modules considérés sont supposés de type fini. Si M est un tel module, on note $\bar{M}$ le k-espace vectoriel $M/\underline{m}M$.

1. Définition des résolutions minimales.

Soient L , M deux A-modules, L étant libre, et soit $u : L \longrightarrow M$ un homomorphisme. On dit que u est minimal s'il vérifie les deux conditions suivantes :

a) u est surjectif

b) $\mathrm{Ker}(u) \subset \underline{m}L$.

Il revient au même (lemme de Nakayama) de dire que $\bar{u} : \bar{L} \dashrightarrow \bar{M}$ est bijectif.

Si M est donné, on construit un $u : L \longrightarrow M$ minimal en prenant une base $(\bar{e}_i)$ du k-espace vectoriel $\bar{M} = M/\underline{m}M$, et en la relevant en (e_i) , avec $e_i \in M$.

Soit maintenant

$$\cdots \longrightarrow L_i \xrightarrow{d} \cdots \xrightarrow{d} L_1 \xrightarrow{d} L_o \xrightarrow{e} M \longrightarrow 0$$

une <u>résolution libre</u> $L_{\bullet}$ de M. Posons :

$$N_i = \mathrm{Im}(L_i \longrightarrow L_{i-1}) = \mathrm{Ker}(L_{i-1} \longrightarrow L_{i-2}) .$$

On dit que $L_{\bullet}$ est une <u>résolution minimale</u> de M si $L_i \to N_i$ est minimal pour tout i , ainsi que $e : L_o \to M$.

<u>Proposition 1</u> : (a) <u>Tout A-module M possède une résolution minimale</u>.
(b) <u>Pour qu'une résolution libre $L_{\bullet}$ de M soit minimale, il faut et il suffit que les applications $\bar{d} : \bar{L}_i \to \bar{L}_{i-1}$ soient nulles</u>.

(a) : On choisit un homomorphisme minimal $e : L_o \to M$. Si N_1 est son noyau, on choisit un homomorphisme minimal $L_1 \to N_1$, etc.

(b) : Puisque $L_{\bullet}$ est une résolution, les homomorphismes

$$d : L_i \to N_i \qquad \text{et} \qquad e : L_o \to M$$

sont surjectifs. Pour qu'ils soient minimaux, il faut et il suffit que leurs noyaux N_{i+1} (resp. N_1) soient contenus dans $\underline{m}L_i$ (resp. dans $\underline{m}L_o$) , ce qui signifie bien que l'opérateur bord $\bar{d}$ de $\bar{L}_{\bullet}$ doit être nul.

<u>Corollaire</u>. <u>Si</u> $L_{\bullet} = (L_i)$ <u>est une résolution minimale de</u> M , <u>le rang de</u> L_i <u>est égal à la dimension de</u> $\mathrm{Tor}_i^A(M,k)$.

En effet, on a :

$$\mathrm{Tor}_i^A(M,k) \simeq H_i(L_{\bullet} \otimes k) = H_i(\bar{L}_{\bullet}) \simeq \bar{L}_i .$$

Remarque. En particulier, on voit que le rang de L_i est indépendant de la résolution minimale $L_\bullet$ choisie. En fait, il est facile de démontrer davantage : deux résolutions minimales de M sont isomorphes (non canoniquement en général). Pour plus de détails, voir S. EILENBERG, Ann. of Maths., 64, 1956, p. 328-336 .

2. Application.

Soit $L_\bullet = (L_i)$ une résolution minimale de M , et soit $K_\bullet=(K_i)$ un complexe libre , muni d'une augmentation $K_o \longrightarrow M$. Nous ferons en outre les hypothèses suivantes :

(C_o) $\bar{K}_o \longrightarrow \bar{M}$ est injectif.

(C_i) l'opérateur bord $d_i : K_i \longrightarrow K_{i-1}$ applique K_i dans $\underline{m}K_{i-1}$ et l'application correspondante $\bar{d}_i : K_i/\underline{m}K_i \longrightarrow \underline{m}K_{i-1}/\underline{m}^2K_{i-1}$ est injective.

Puisque $L_\bullet$ est une résolution de M , l'application identique de M dans M se prolonge en un homomorphisme de complexes

$$f : K_\bullet \longrightarrow L_\bullet$$

Proposition 2 : L'application f est injective, et identifie $K_\bullet$ à un facteur direct de $L_\bullet$ (comme A-module).

Il faut voir que les $f_i : K_i \longrightarrow L_i$ sont inversibles à gauche. Or, on a le lemme suivant (dont la démonstration est immédiate) :

Lemme: <u>Soient</u> L <u>et</u> L' <u>deux A-modules libres, et soit</u> $g : L \longrightarrow L'$ <u>un homomorphisme. Pour que</u> g <u>soit inversible à gauche (resp. à droite)</u>, <u>il faut et il suffit que</u> $\bar{g} : \bar{L} \to \bar{L}'$ <u>soit injectif (resp. surjectif)</u>.

Il nous faut donc prouver que les $\bar{f}_i : \bar{K}_i \longrightarrow \bar{L}_i$ sont injectifs. On procède par récurrence sur i :

a) $i = 0$. On utilise le diagramme commutatif

$$\begin{array}{ccc} \bar{K}_o & \longrightarrow & \bar{L}_o \\ \downarrow & & \downarrow \\ \bar{M} & \xrightarrow{id} & \bar{M} \end{array} .$$

Le fait que $\bar{K}_o \longrightarrow \bar{M}$ soit injectif suffit à entraîner que $\bar{K}_o \longrightarrow \bar{L}_o$ est injectif.

b) $i \geqslant 1$. On utilise le diagramme commutatif

$$\begin{array}{ccc} \bar{K}_i & \longrightarrow & \bar{L}_i \\ \downarrow & & \downarrow \\ \underline{m}K_{i-1}/\underline{m}^2K_{i-1} & \longrightarrow & \underline{m}L_{i-1}/\underline{m}^2L_{i-1} \end{array}$$

Puisque $f_{i-1} : K_{i-1} \longrightarrow L_{i-1}$ est inversible à gauche, il en est de même de l'application $\tilde{f}_{i-1} : \underline{m}K_{i-1}/\underline{m}^2K_{i-1} \longrightarrow \underline{m}L_{i-1}/\underline{m}^2L_{i-1}$; vu la condition (C_i) , on en conclut que la "diagonale" du carré ci-dessus est une application injective, d'où (par un lemme bien connu de théorie des ensembles...) l'injectivité de $\bar{K}_i \longrightarrow \bar{L}_i$.

Corollaire: L'application canonique $H_i(K_\bullet \otimes k) \longrightarrow \mathrm{Tor}_i^A(M,k)$ est injective pour tout $i \geqslant 0$.

En effet, $H_i(K_\bullet \otimes k) = H_i(\bar{K}_\bullet) = \bar{K}_i$ et $\mathrm{Tor}_i^A(M,k) = \bar{L}_i$; le corollaire ne fait donc que reformuler l'injectivité de $\bar{f}_i$.

3. Cas du complexe de l'algèbre extérieure.

A partir de maintenant, on prend $M = k$, corps résiduel de A .

Proposition 3: Soit $\underline{x} = (x_1,\ldots,x_s)$ un système minimal de générateurs de $\underline{m}$, et soit $K_\bullet = K(\underline{x},A)$ le complexe de l'algèbre extérieure correspondant. Le complexe $K_\bullet$ (muni de son augmentation naturelle $K_0 \longrightarrow k$) vérifie les conditions (C_0) et (C) du n° 2 .

On a $K_0 = A$ et l'application $\bar{A} \longrightarrow k$ est bijective. La condition (C_0) est donc vérifiée. Reste à vérifier (C).

Posons $L = A^s$; soit $(e_1,\ldots,e_s)$ la base canonique de L et $(e_1^*,\ldots,e_s^*)$ la base duale. On peut identifier K_i à $\bigwedge^i L$; l'application bord $d : \bigwedge^i L \longrightarrow \bigwedge^{i-1} L$ s'exprime alors de la manière suivante :

$$d(y) = \sum_{j=1}^{j=s} x_j(y \llcorner e_j^*) ,$$

Le signe $\llcorner$ désignant le produit intérieur droit (cf. Bourbaki, Alg.III).

Il faut maintenant expliciter $\tilde{d}$; pour cela, on identifie $\bar{K}_i$ à $\Lambda^i L$ et $\underline{m}K_{i-1}/\underline{m}^2K_{i-1}$ à $\underline{m}/\underline{m}^2 \otimes \Lambda^{i-1} L$. La formule donnant $\tilde{d}$ devient alors :

$$\tilde{d}(\bar{y}) = \sum_{j=1}^{j=s} \bar{x}_j \otimes (\bar{y} \llcorner \bar{e}_j^*) ,$$

avec des notations évidentes. Comme les $\bar{x}_j$ forment une base de $\underline{m}/\underline{m}^2$, l'équation $\tilde{d}(\bar{y}) = 0$ équivaut à $\bar{y} \llcorner e_j^* = 0$ pour tout j, d'où $\bar{y}=0$ cqfd.

Théorème. La dimension de $Tor_i^A(k,k)$ est $\geqslant \binom{s}{i}$, avec $s = \dim.\underline{m}/\underline{m}^2$.

En effet, la prop.3, jointe au corollaire à la prop.2, montre que l'application canonique de $H_i(K_{\bullet} \otimes k) = \bar{K}_i$ dans $Tor_i^A(k,k)$ est injective, et on a $\dim.\bar{K}_i = \binom{s}{i}$.

Compléments. On a en fait des résultats beaucoup plus précis (cf. les mémoires d'Assmus, Scheja, Tate cités dans la bibliographie) :

$Tor_{\bullet}^A(k,k)$ est muni d'un produit (le produit $\pitchfork$ de Cartan-Eilenberg) qui en fait une k-algèbre associative, commutative (gauche) et à élément unité ; ses éléments de degré impair sont de carré nul. L'isomorphisme $\underline{m}/\underline{m}^2 \longrightarrow Tor_1^A(k,k)$ se prolonge donc en un homomorphisme d'algèbres $\varphi : \Lambda\underline{m}/\underline{m}^2 \longrightarrow Tor_{\bullet}^A(k,k)$ qui est injectif (Tate), ce qui précise le théorème ci-dessus. L'anneau A est régulier si et seulement si φ est bijectif (il suffit même, d'après Tate, que l'une de ses composantes de degré $\geqslant 2$ soit bijective). De plus, $Tor_{\bullet}^A(k,k)$ est munie d'un co-produit (Assmus) qui en fait une "algèbre de Hopf". On peut donc lui appliquer les théorèmes de structure de Hopf-Borel ; en particulier, cela rend évidente l'injectivité de φ. On obtient également des renseignements sur la série de Poincaré $P_A(T)$ de $\mathrm{Tor}^A_\bullet(k,k)$:

$$P_A(T) = \sum_{i=0}^{\infty} a_i T^i \quad , \quad \text{où} \quad a_i = \dim.\mathrm{Tor}_i^A(k,k) \ .$$

Par exemple (Tate, Assmus) A est une "intersection complète" si et seulement si $P_A(T)$ est de la forme $(1+T)^n/(1-T^2)^d$, avec $n,d \in \underline{\mathbb{N}}$; pour d'autres résultats analogues, voir Scheja. Signalons toutefois que <u>l'on ignore si</u> P_A <u>est toujours une fonction rationnelle</u>. [Comparer au problème topologique suivant, également non résolu : soit X un complexe fini simplement connexe, et soit Ω son espace de lacets ; la série de Poincaré de Ω est-elle une fonction rationnelle ?]

Ces deux problèmes ont été résolus négativement par D.J.Anick, Ann. of Math. 115 (1982), p. 1-33 et 116 (1983), p 661-663.

APPENDICE II

POSITIVITÉ DES CARACTÉRISTIQUES D'EULER-POINCARÉ SUPÉRIEURES

On se place dans le cadre des catégories abéliennes. Plus précisément, soit $\underline{C}$ une catégorie abélienne munie de n morphismes x_i du foncteur identique dans lui-même ; on suppose que les x_i commutent deux à deux. Tout objet E de $\underline{C}$ est donc muni d'endomorphismes $x_i(E)$. Si $J \subset I = [1,n]$, on notera $\underline{C}_J$ la sous-catégorie de $\underline{C}$ formée des objets E tels que $x_i(E) = 0$ pour $i \in J$. On a $\underline{C}_\emptyset = \underline{C}$; en dehors de ce cas, on aura à considérer $J = I$ et $J = [2,n]$, que nous écrirons K.

Si E est un objet de $\underline{C}$, le complexe $K(\underline{x},E)$ se définit de manière évidente ; ses groupes d'homologie $H_i(\underline{x},E)$ sont des objets de $\underline{C}$, annulés par tous les x_i ; autrement dit, ce sont des éléments de $\underline{C}_I$.

On va maintenant considérer les caractéristiques d'Euler-Poincaré fabriquées au moyen des $H_i(\underline{x},E)$. Rappelons d'abord comment on attache (d'après Grothendieck) un groupe $K(\underline{D})$ à toute catégorie abélienne $\underline{D}$. On forme d'abord le groupe libre $L(\underline{D})$ engendré par les éléments de $\underline{D}$; si $0 \longrightarrow E' \longrightarrow E \longrightarrow E'' \longrightarrow 0$ est une suite exacte dans $\underline{D}$, on lui associe l'élément $E - E' - E''$ de $L(\underline{D})$; le groupe $K(\underline{D})$ est le quotient de $L(\underline{D})$ par le sous-groupe engendré par les éléments précédents (pour toutes les suites exactes possibles). Si $E \in \underline{D}$, on note $[E]$ son image dans $K(\underline{D})$; les éléments de $K(\underline{D})$ ainsi obtenus sont dits <u>positifs</u>; ils engendrent $K(\underline{D})$; la somme de deux éléments positifs est un élément positif.

Tout ceci s'applique aux catégories $\underline{C}_J$. En particulier, soit $E \in \underline{C}$; on a $H_i(\underline{x},E) \in \underline{C}_I$, et la somme alternée :

$$\chi_i(\underline{x},E) = [H_i(\underline{x},E)] - [H_{i+1}(\underline{x},E)] + \dots$$

<u>a un sens dans le groupe</u> $K(\underline{C}_I)$. On peut donc se demander si cette caractéristique χ_i est $\geqslant 0$ (au sens défini ci-dessus). Nous allons voir que c'est bien le cas si $\underline{C}$ vérifie la condition suivante :

(N) - <u>Tout</u> $E \in \underline{C}$ <u>vérifie la condition de chaîne ascendante (pour les sous-objets)</u>.

Autrement dit :

<u>Theorème</u> - <u>Si</u> C <u>vérifie</u> (N) , <u>on a</u> $\chi_i(\underline{x},E) \geqslant 0$ <u>pour tout</u> $E \in \underline{C}$ <u>et tout</u> $i \geqslant 0$.

Démonstration par récurrence sur n .

a) <u>Cas $n = 1$</u> .

Pour simplifier, on écrit x au lieu de x_1 . On a $H_0(x,E) = \mathrm{Coker}.x(E)$ et $H_1(x,E) = \mathrm{Ker}.x(E)$. On doit montrer que la différence $\chi(E) = [\mathrm{Coker}.x(E)] - [\mathrm{Ker}.x(E)]$ est $\geqslant 0$ dans $K(\underline{C}_1)$. Or, soit x^m la m-ième puissance de x $(m=1,2,\ldots)$, et soit N_m le noyau de x^m ; les N_m vont en croissant. D'après (N), les N_m finissent par s'arrêter ; soit N leur limite, et soit $F = E/N$. On a une suite exacte

$$0 \longrightarrow N \longrightarrow E \longrightarrow F \longrightarrow 0 \quad .$$

L'endomorphisme x est nilpotent sur N, et injectif sur F (immédiat). D'autre part, on voit tout de suite que χ est additif i.e. $\chi(E) = \chi(N) + \chi(F)$. Puisque $\mathrm{Ker}.x(F) = 0$, on a $\chi(F) = [H_o(x,F)] \geqslant 0$. D'autre part, N admet une suite de composition dont les quotients successifs Q_i sont annulés par x; on a alors $\chi(Q_i) = 0$, d'où $\chi(N) = \sum \chi(Q_i) = 0$, et finalement on trouve :

$$\chi(E) = \chi(F) = [H_o(x,F)] \geqslant 0 \quad .$$

b) <u>Passage de n-1 à n</u> .

[Avant de faire la démonstration, remarquons que $\chi = \chi_o$ est une fonction <u>additive</u> de E ; par définition de $K(\underline{C})$, elle définit donc un homomorphisme de $K(\underline{C})$ dans $K(\underline{C}_I)$, homomorphisme que l'on notera encore χ .]

On utilise la prop. 1 de A). D'après cette proposition, on a une suite exacte :

$$0 \longrightarrow H_o(x_1, H_i(\underline{x}', E)) \longrightarrow H_i(\underline{x}, E) \longrightarrow H_1(x_1, H_{i-1}(\underline{x}', E)) \longrightarrow 0 \quad ,$$

en notant $\underline{x}'$ la suite $(x_2,\ldots,x_n)$. On notera que les $H_i(\underline{x}',E) = H_i'$ appartiennent à la catégorie $\underline{C}_K$ définie ci-dessus.

Si l'on passe dans $K(\underline{C}_I)$, on peut donc écrire :

$$\left[H_i(\underline{x},E)\right] = \left[H_o(x_1,H_i')\right] + \left[H_1(x_1,H_{i-1}')\right] .$$

On en déduit :

$$\begin{aligned}\chi_i(\underline{x},E) &= \left[H_1(x_1,H_{i-1}')\right] + \sum_{m=0}^{\infty} (-1)^m\left(\left[H_o(x_1,H_{i+m}')\right] - \left[H_1(x_1,H_{i+m}')\right]\right) \\ &= \left[H_1(x_1,H_{i-1}')\right] + \sum_{m=0}^{\infty} (-1)^m \chi(x_1,H_{i+m}') \\ &= \left[H_1(x_1,H_{i-1}')\right] + \chi(x_1, \chi_i') ,\end{aligned}$$

en posant $\chi_i' = \sum (-1)^m \left[H_{i+m}'\right]$.

[La notation $\chi(x_1, \chi_i')$ a un sens, en vertu de la remarque faite plus haut.]

Par hypothèse de récurrence, χ_i' est un élément positif de $K(\underline{C}_K)$; or, d'après a) , l'opération χ transforme un élément positif de $K(\underline{C}_K)$ en un élément positif de $K(\underline{C}_I)$; donc $\chi(x_1, \chi_i')$ est $\geqslant 0$. Comme $\left[H_1(x_1,H_{i-1}')\right]$ est trivialement positif, on en déduit bien que $\chi_i(\underline{x},E) \geqslant 0$, c.q.f.d.

Exemple. Soit A un anneau local noethérien, soit $x_1,\ldots,x_n$ un système de paramètres de A, et soit $\underline{C}$ la catégorie des A-modules de type fini (munie des endomorphismes définis par les x_i). La catégorie $\underline{C}_I$ est la catégorie des A-modules annulés par les x_i ; on vérifie tout de suite que la longueur définit un isomorphisme de $K(\underline{C}_I)$ sur $\underline{\underline{Z}}$, compatible avec les relations d'ordre. Le théorème ci-dessus fournit donc le résultat suivant :

Si E est un A-module de type fini, l'entier :

$$\chi_i(E) = \ell(H_i(\underline{x},E)) - \ell(H_{i+1}(\underline{x},E)) + \cdots \text{ est } \geqslant 0 .$$

Remarque. Dans le cas de l'exemple ci-dessus, on peut prouver que $\chi_i(E) = 0$ entraîne $H_j(\underline{x},E) = 0$ pour $j \geqslant i \geqslant 1$. Toutefois, la seule démonstration de ce fait que je connaisse est assez compliquée (elle consiste à se ramener au cas où A est un anneau de séries formelles sur un anneau de valuation discrète ou sur un corps). J'ignore s'il existe un énoncé analogue dans le cadre des catégories abéliennes.

CHAPITRE V. LES MULTIPLICITÉS

A) LA MULTIPLICITÉ D'UN MODULE

1. Le groupe des cycles d'un anneau.

Si A est un anneau (commutatif, à élément unité, noethérien) et V l'ensemble de ses idéaux premiers, on appellera cycle de A tout élément du groupe abélien libre $Z(A)$ engendré par les éléments de V. Un cycle sera dit positif s'il est de la forme $Z = \sum Z(\underline{p}) . \underline{p}$, avec $\underline{p} \in V$ et $Z(\underline{p}) \geq 0$.

Le cas général se ramenant directement au cas "local", nous supposerons dorénavant l'anneau A local et de dimension n. On notera alors par $Z_p(A)$ le sous-groupe de $Z(A)$ engendré par les idéaux premiers de cohauteur p dans A. Le groupe $Z(A)$ est somme directe des sous-groupes $Z_p(A)$, $0 \leq p \leq n$.

Les cycles sont reliés aux A-modules de la manière suivante: Soit $K_p(A)$ la catégorie abélienne des A-modules M tels que $\dim^A M \leq p$, $K(A)$ la catégorie de tous les A-modules. Il est clair que si $0 \longrightarrow M \longrightarrow N \longrightarrow P \longrightarrow 0$ est une suite exacte de $K(A)$ et si M et P appartiennent à $K_p(A)$, alors $N \in K_p(A)$.

Dans ces conditions, soit $M \in K_p(A)$, et soit $\underline{q}$ un idéal premier de A de cohauteur p. Alors le module $M_{\underline{q}}$ sur $A_{\underline{q}}$ est de longueur finie $\ell(M_{\underline{q}})$ et cette longueur satisfait manifestement à la propriété suivante:

si $0 = M_o \subset \ldots \subset M_i \subset \ldots \subset M_s = M$ est une suite de composition de

M dont les quotients M_i/M_{i-1} sont de la forme $A/\underline{r}$, $\underline{r}$ idéal premier de A , alors il y a exactement $\ell(M_{\underline{q}})$ quotients de la forme $A/\underline{q}$. On écrira $\ell_{\underline{q}}(M)$ pour $\ell(M_{\underline{q}})$.

Soit donc $z : K_p(A) \longrightarrow Z_p(A)$ la fonction telle que

$$z(M) = \sum_{\mathrm{coht}\, \underline{q} = p} \ell(M_{\underline{q}})\, \underline{q}$$

. Il est clair que z est une fonction additive définie sur la catégorie $K_p(A)$ et à valeurs dans le groupe ordonné $Z_p(A)$. La fonction z prend des valeurs positives et elle est nulle sur $K_{p-1}(A)$

Réciproquement il est clair que toute fonction additive sur $K_p(A)$, nulle sur $K_{p-1}(A)$ "se factorise par z" ; ou encore toute fonction additive sur $K_p(A)$, à valeur dans un groupe abélien ordonné, et prenant des valeurs positives sur $K_p(A)$ se factorise par z .

Si A est intègre, $Z_n(A) \simeq \underline{\underline{Z}}$ pour $n = \dim A$, et ℓ s'identifie au rang du A-module M .

2. La multiplicité d'un module.

Soit $\underline{m}$ l'idéal maximal de l'anneau local A et soit $\underline{a}$ un idéal $\underline{m}$-primaire. Alors, pour tout A-module M , le polynôme de Hilbert-Samuel $P_{\underline{a}}(M,X)$ défini au chapitre II est de degré égal à $\dim^A M$. En outre son terme de plus haut degré est du type $e.X^r/r!$, où $r = \dim^A M$ et où e est un entier > 0 .

L'entier e est, par définition, la multiplicité de M pour l'idéal primaire $\underline{a}$. On la notera $e_{\underline{a}}(M)$; plus généralement, p étant un entier positif et M un module tel que $\dim^A M \leq p$, $M \in K_p(A)$, on posera

$$e_{\underline{a}}(M,p) = \begin{cases} e_{\underline{a}}(M) & \text{si } \dim^A M = p \\ 0 & \text{si } \dim^A M < p \end{cases}$$

Il résulte alors des propriétés démontrées au Chapitre II que $e_{\underline{a}}(M,p)$ est une fonction additive sur $K_p(A)$, nulle sur $K_{p-1}(A)$, et donc que l'on a la <u>formule d'additivité</u> :

$$e_{\underline{a}}(M,p) = \sum_{\text{coht } \underline{q}=p} \ell_{\underline{q}}(M)\, e_{\underline{a}}(A/\underline{q},p)$$

$$= \sum_{\text{coht } \underline{q} \leq p} \ell_{\underline{q}}(M)\, e_{\underline{a}}(A/\underline{q},p)$$

En particulier si A est intègre, on a $e_{\underline{a}}(M,n) = rg(M)\, e_{\underline{a}}(A)$.
Si $\underline{a} = \underline{m}$, $e_{\underline{a}}(M) = e_{\underline{m}}(M)$ est appelé la <u>multiplicité</u> de M .
En particulier $e_{\underline{m}}(A)$ est la <u>multiplicité</u> de l'anneau local A .

Si A est régulier, sa multiplicité est égale à 1 , d'après le Chapitre IV . Inversement si la multiplicité de A est égale à 1 , <u>et si $\hat{A}$ est intègre</u> on peut montrer que A est régulier (Samuel, Nagata); un exemple de Nagata montre qu'il ne suffit pas de supposer A intègre.

Enfin supposons que $\underline{a}$ soit un idéal de définition de A , c'est-à-dire qu'il soit engendré par n éléments $x_1,\dots,x_n$, formant une suite que nous noterons $\underline{x}$. On sait, d'après le Chapitre IV, qu'alors le i-ème groupe d'homologie du complexe de Koszul $K^A(\underline{x},M)$ est de longueur finie $h_i(\underline{x},M)$ pour tout A-module M , et que l'on a la formule :

$e_{\underline{x}}(M,n) = \sum_{i=o}^{n} (-1)^i h_i(\underline{x}, M)$, où l'on désigne par la même lettre $\underline{x}$ l'idéal $(x_1,\dots,x_n)$ et la suite $x_1,\dots,x_n$.

B) LA MULTIPLICITÉ D'INTERSECTION DE DEUX MODULES

1. La réduction à la diagonale.

Soient k un corps commutatif algébriquement clos, U et V deux ensembles algébriques de l'espace affine $A_n(k) \simeq k^n$, et Δ la diagonale de l'espace produit $A_n(k) \times A_n(k) \simeq A_{2n}(k)$. Alors Δ est évidemment isomorphe à $A_n(k)$ et l'isomorphisme identifie $(U \times V) \cap \Delta$ à $U \cap V$. Les "géomètres" se servent couramment de cette situation pour ramener l'étude de l'intersection de U et V à l'étude de l'intersection d'un ensemble algébrique avec une variété linéaire.

Or, au stade actuel de son développement, l' "algèbre" est souvent une transcription de résultats et malheureusement aussi de méthodes "géométriques". On en a vu un exemple pour le théorème 7 du Chapitre III (Dimensions d'intersections dans les algèbres de polynômes). En particulier dans le lemme 2 il "faut" considérer que $A \otimes_k A$ est l'anneau des coordonnées de $A_n(k) \times A_n(k)$, que $A/\underline{p} \otimes_k A/\underline{q}$ et $(A \otimes_k A)/\underline{d}$ sont les anneaux de coordonnées de $U \times V$ et Δ (U et V irréductibles). L' "isomorphisme" de $(U \times V) \cap \Delta$ et $U \cap V$ s'exprime alors à peu près de la manière suivante:

(1) $$A/\underline{p} \otimes_A A/\underline{q} \simeq (A/\underline{p} \otimes_k A/\underline{q}) \otimes_{A \otimes_k A} A \quad ,$$

où l'on identifie A et $(A \otimes_k A)/\underline{d}$.

Cette formule d'associativité se généralise ainsi: soit A une algèbre commutative avec élément unité sur un corps commutatif k (non nécessairement algébriquement clos); soient M et N deux A-modules, B la k-algèbre $A \otimes_k A$ et $\underline{d}$ l'idéal de B engendré par les $a \otimes 1 - 1 \otimes a$, $a \in A$. Alors $(A \otimes_k A)/\underline{d}$ est une k-algèbre isomorphe à A et on considérera toujours que A est muni par cet isomorphisme d'une structure de B-module. D'où la formule (Cartan-Eilenberg, Homological Algebra IX 2.8):

(2) $\mathrm{Tor}_n^B(M \otimes_k N, A) \simeq \mathrm{Tor}_n^A(M,N)$.

Ainsi, si

$$\longrightarrow L_n \xrightarrow{d_n} \cdots \longrightarrow L_o \longrightarrow A \longrightarrow 0$$

est une résolution $(A \otimes_k A)$-projective de A , le bifoncteur $(M,N) \Longrightarrow (M \otimes_k N) \otimes_B L_{\bullet}$ est "résolvant", i.e. $\mathrm{Tor}_n^A(M,N)$ s'identifie aux modules d'homologie du complexe $(M \otimes_k N) \otimes_B L_{\bullet}$. En particulier si $A = k[X_1,\ldots,X_n]$ est une algèbre de polynômes en n variables X_i sur K , on sait que le complexe de Koszul $K^B((X_i \otimes 1 - 1 \otimes X_i),B)$ est une résolution libre de A , et dans ce cas:

(3) $\mathrm{Tor}_n^A(M,N) \simeq H_n(K^B((X_i \otimes 1 - 1 \otimes X_i), M \otimes_k N))$

On retrouve que $k[X_1,\ldots,X_n]$ est régulier!

Dans la suite, la réduction à la diagonale interviendra par l'intermédiaire de la formule (2) convenablement généralisée.

Dans un premier pas on peut, par exemple, supposer que k n'est pas nécessairement un corps mais un anneau commutatif avec élément unité, et que A est k-plat. La formule (2) est alors remplacée par une suite spectrale (Cartan-Eilenberg, XVI, 4, 2 et 3) :

(4) $\mathrm{Tor}_p^B(\mathrm{Tor}_q^k(M, N), A) \Longrightarrow \mathrm{Tor}_{p+q}^A(M,N)$.

En particulier si $A = k[X_1,\ldots,X_n]$, le complexe de Koszul $K^B((X_i \otimes 1 - 1 \otimes X_i), B)$ est une résolution libre de A formée de n termes et on retrouve l'inégalité (k est supposé noethérien):

$$\mathrm{dh}\, A = \mathrm{dh}(k[X_1,\ldots,X_n]) \leqslant \mathrm{dh}\, k + n .$$

Réciproquement, si k est de dimension homologique globale finie m , il existe un k-module simple M (voir Chapitre IV, C) tel que $\mathrm{Tor}_m^k(M,M) = P \neq 0$. Le module M peut alors être considéré comme A-module, les X_i annulant M . Dès lors $\mathrm{Tor}_n^B(\mathrm{Tor}_m^k(M,M), A) = H_n(K^B((X_i \otimes 1 - 1 \otimes X_i), P)) = P$, d'après le Chapitre IV, A.2. D'où $\mathrm{Tor}_{m+n}^A(M,M) = \mathrm{Tor}_m^k(M,M)$ à cause du "principe du cycle maximum", et $\mathrm{dh}\, A \geqslant \mathrm{dh}\, k + n$.

Ainsi trouve-t-on de "jolis" résultats dès que l'on a un "bon" anneau de base k et que l'on prend des produits tensoriels sur k . Si A est un anneau commutatif quelconque, on le localise en ses idéaux premiers, on complète ces localisés et, si ces localisés ont même caractéristique que leurs corps résiduels , ils contiennent un corps de Cohen qui joue le rôle de k (voir Chapitre IV, D, 2). Mahlheureusement si k est un corps de Cohen de l'anneau local complet A, $A \otimes_k A$ n'est plus noethérien et il faut apporter à notre méthode les perturbations du paragraphe suivant.

2. Produits tensoriels complétés .

Soient k un anneau commutatif noethérien à élément unité, A et B deux k-algèbres unitaires, commutatives et noethériennes,

M (resp. N) un A-module (resp. B-module) de type fini muni d'une filtration (M_p) $\underline{m}$-bonne (resp. d'une filtration (N_q) $\underline{n}$-bonne), où $\underline{m}$ et $\underline{n}$ désignent des idéaux de A et B tels que $A/\underline{m}$ et $B/\underline{n}$ soient des k-modules de longueur finie. Dès lors $M/\underline{m}^pM$, M/M_p, $N/\underline{n}^qN$ et N/N_q sont des k-modules de longueur finie pour tout couple (p,q) d'entiers naturels. On munira ces couples de l'ordre produit évident dans $\underline{N} \times \underline{N}$.

Il est alors clair que, pour tout entier naturel i , les $\mathrm{Tor}_i^k(M/M_p, N/N_q)$ peuvent être munis d'une structure de système projectif de modules et on définira les Tor-complétés par la formule:

$$(5) \quad \widehat{\mathrm{Tor}}_i^k(M,N) = \varprojlim_{(p,q)} \mathrm{Tor}_i^k(M/M_p, N/N_q)$$

Pour $i = 0$, on obtient le produit tensoriel complété:

$$M \widehat{\otimes}_k N = \varprojlim_{(p,q)} (M/M_p \otimes_k N/N_q)$$

Les groupes abéliens ainsi définis ont les propriétés suivantes:

a) Si l'on désigne par $\widehat{\mathrm{Tor}}_\bullet^k(M,N)$ le groupe gradué $\bigoplus_{i=0}^{\infty} \widehat{\mathrm{Tor}}_i^k(M,N)$ les structures de modules gradués sur les anneaux gradués $\mathrm{Tor}_\bullet^k(A/\underline{m}^p, B/\underline{n}^q)$ des $\mathrm{Tor}_\bullet^k(M/M_p, N/N_q)$ définissent sur $\widehat{\mathrm{Tor}}_\bullet^k(M,N)$ une structure de module gradué sur l'anneau gradué $\widehat{\mathrm{Tor}}^k(A,B)$.

b) Le module $\widehat{\mathrm{Tor}}_\bullet^k(M,N)$ ne dépend pas de la bonne filtration choisie pour M ou N , mais seulement de M et de N (et bien entendu des idéaux maximaux de A et de B contenant $\underline{m}$ et $\underline{n}$).

c) La diagonale de $\underline{\underline{N}} \times \underline{\underline{N}}$ formant un sous-ensemble cofinal, il suffit de prendre la limite projective sur cette diagonale:

$$(6) \qquad \hat{\mathrm{Tor}}_i^k(M,N) \simeq \varprojlim_p \ \mathrm{Tor}_i^k(M/M_p, N/N_q)$$

De la même manière on peut prendre la limite d'abord suivant p , ensuite suivant q :

$$\hat{\mathrm{Tor}}_i^k(M,N) \simeq \varprojlim_p \ \varprojlim_q \ \mathrm{Tor}_i^k(M/M_p, N/N_q)$$

$$\simeq \varprojlim_q \ \varprojlim_p \ \mathrm{Tor}_i^k(M/M_p, N/N_q)$$

(Propriétés des systèmes projectifs sur des produits d'ensembles ordonnés.)

Ces assertions rendent possible l'utilisation des méthodes du Chapitre II.

d) Les applications canoniques de $M \otimes_k N$ dans $M/M_p \otimes_k N/N_q$ induisent des applications

$$M \otimes_k N \longrightarrow \varprojlim (M/M_p) \otimes_k (\varprojlim N/N_q) \simeq \hat{M} \otimes_k \hat{N}$$

et $\hat{M} \otimes_k \hat{N} \longrightarrow M \hat{\otimes}_k N$,

et il est clair que $M \hat{\otimes}_k N$ s'identifie au complété de $M \otimes_k N$ pour la topologie $(\underline{m} \otimes_k B + A \otimes_k \underline{n})$-adique.

e) L'anneau $A \hat{\otimes}_k B$ est complet pour la topologie $\underline{r}$-adique, où $\underline{r} = \underline{m} \hat{\otimes}_k B + A \hat{\otimes}_k \underline{n}$ et les $\hat{\mathrm{Tor}}_i^k(M,N)$ sont des modules complets pour la topologie $\underline{r}$-adique. Comme en outre $(A \hat{\otimes}_k B)/\underline{r} = (A/\underline{m}) \otimes_k (B/\underline{n})$ et que $(M \hat{\otimes}_k N)/\underline{r}.(M \hat{\otimes}_k N) = (M/\underline{m}M) \otimes_k (N/\underline{n}N)$, le corollaire 3 à la proposition 6 du chapitre II s'applique et $A \hat{\otimes}_k B$ est noethérien et $M\hat{\otimes}_k N$ est un $(A\hat{\otimes}_k B)$-module de type fini.

D'autre part la formule bien connue $\frac{1}{1-x} = 1+x+x^2+\dots$ montre que $\underline{r}$ est contenu dans le radical de $A\hat{\otimes}_k B$ et les idéaux maximaux de $A\hat{\otimes}_k B$ correspondant à ceux de $(A/\underline{m}) \otimes_k (B/\underline{n})$.

f) Si $0 \longrightarrow M' \longrightarrow M \longrightarrow M'' \longrightarrow 0$ est une suite exacte de A-modules de type fini, les suites exactes

$$\dots \longrightarrow \mathrm{Tor}_n^k(M/\underline{m}^pM, N/\underline{n}^qN) \longrightarrow \mathrm{Tor}_n^k(M''/\underline{m}^pM'', N/\underline{n}^qN) \longrightarrow$$
$$\longrightarrow \mathrm{Tor}_{n-1}^k(M'/M' \cap \underline{m}^pM, N/\underline{n}^qN) \longrightarrow \dots$$

se remontent en une suite exacte

$$\dots \longrightarrow \hat{\mathrm{Tor}}_n^k(M,N) \longrightarrow \hat{\mathrm{Tor}}_n^k(M'',N) \longrightarrow \hat{\mathrm{Tor}}_{n-1}^k(M',N) \longrightarrow \dots$$

On a en effet la propriété suivante: si $\varphi : (P_i') \longrightarrow (P_i)$ et $\psi : (P_i) \longrightarrow (P_i'')$ sont deux morphismes de systèmes projectifs de k-modules sur un ensemble ordonné inductif, si les P_i' sont des modules <u>artiniens</u>, et si les suites

$P_i' \xrightarrow{\varphi_i} P_i \xrightarrow{\psi_i} P_i''$ sont exactes, alors la suite

$\varprojlim P_i' \longrightarrow \varprojlim P_i \longrightarrow \varprojlim P_i''$ est exacte.

g) Supposons maintenant que k soit un anneau <u>régulier</u> de dimension n et supposons que M , considéré comme k-module, admette une M-suite $\{a_1,\dots,a_r\}$, i.e. qu'il existe r éléments a_i du radical de k tels que a_{i+1} ne soit pas diviseur de zéro dans $M/(a_1,\dots,a_i)M$, $0 \leqslant i \leqslant r-1$, $a_0 = 0$.

Je dis qu'alors $\hat{\mathrm{Tor}}_i^k(M,N) = 0$ pour $i > n-r$. Il suffit de le voir quand N est un k-module de longueur finie, puisque

$\hat{\mathrm{Tor}}_i^k(M,N) = \varprojlim \hat{\mathrm{Tor}}_i^k(M,N/\underline{q}^n N)$. La suite exacte

$0 \longrightarrow M \xrightarrow{a_1} M \longrightarrow M/a_1 M \longrightarrow 0$, jointe au fait que

$\hat{\mathrm{Tor}}_i^k(M,N) = 0$ si $i > n$ donne la suite exacte:

$$0 \longrightarrow \hat{\mathrm{Tor}}_n^k(M,N) \xrightarrow{a_1} \hat{\mathrm{Tor}}_n^k(M, N)$$

Mais une puissance de a_1 annule N , donc aussi $\hat{\mathrm{Tor}}_n^k(M,N)$. Il s'ensuit que $\hat{\mathrm{Tor}}_n^k(M,N) = 0$, ce qui démontre notre assertion pour $r = 1$. Si $r > 1$, on a $\hat{\mathrm{Tor}}_n^k(M_1,N) = 0$, d'où la suite exacte:

$$0 \longrightarrow \hat{\mathrm{Tor}}_{n-1}^k(M,N) \xrightarrow{a_1} \hat{\mathrm{Tor}}_{n-1}^k (M,N) \text{ , etc...}$$

Dans les exemples que nous utiliserons, l'algèbre A aura toujours une A-suite formée de n éléments. Il en résultera que $\hat{\mathrm{Tor}}_i^k(M',N) = 0$ si M' est A-libre et $i > 0$. Dans ce cas le foncteur $M \Longrightarrow \hat{\mathrm{Tor}}_i^k(M,N)$ est le i-ème foncteur dérivé du foncteur $M \Longrightarrow M \hat{\otimes}_k N$. On en déduit que $\hat{\mathrm{Tor}}_i^k(M,N)$ est un $A \hat{\otimes}_k B$-module de type fini.

Le monstre qui vient de naître nous servira dans les deux <u>cas particuliers suivants:</u>

a) k <u>est un corps,</u> $A \simeq B \simeq k[[X_1,\dots,X_n]]$:

Dans ce cas les $\hat{\mathrm{Tor}}_i^k$ sont nuls pour $i > 0$. En outre, $A \hat{\otimes}_k B$ est isomorphe à l'anneau des séries formelles $C \simeq k[[X_1,\dots,X_n, Y_1,\dots,Y_n]]$.

Si $\underline{p}$ est un idéal premier de A , il est clair que $\underline{p} \hat{\otimes}_k B$ est un idéal premier de C et toute chaine maximale d'idéaux premiers de A qui passe par $\underline{p}$ se prolonge facilement en des chaines maximales de C ; d'où $\mathrm{ht}_A\, \underline{p} = \mathrm{ht}_C(\underline{p} \hat{\otimes}_k B) - n$, et plus généralement : $\dim M \hat{\otimes}_k N = \dim M + \dim N$.

Si maintenant $\underline{q}$ est un idéal primaire de A, $\underline{q}'$ un idéal primaire de B , on graduera l'algèbre $G_{\underline{q}}(M) \otimes_k G_{\underline{q}'}(N)$ par la <u>graduation somme</u>. On notera $\underline{s}$ l'idéal primaire $\underline{q} \hat{\otimes}_k B + A \hat{\otimes}_k \underline{q}'$ de C . Alors l'application de $M \otimes_k N$ dans $M \hat{\otimes}_k N$ induit manifestement un homomorphisme d'anneaux gradués:

$$G_{\underline{q}}(M) \otimes_k G_{\underline{q}'}(N) \longrightarrow G_{\underline{s}}(M \hat{\otimes}_k N) \quad .$$

Samuel a démontré que c'est un isomorphisme et il en résulte que $e_{\underline{s}}(M \hat{\otimes} N, \dim M + \dim N) = e_{\underline{q}}(M, \dim M) . e_{\underline{q}'}(N, \dim N)$.

Enfin si

$$\ldots \longrightarrow K_n \longrightarrow \ldots \longrightarrow K_o \longrightarrow M \longrightarrow 0$$

et

$$\ldots \longrightarrow L_n \longrightarrow \ldots \longrightarrow L_o \longrightarrow N \longrightarrow 0$$

sont des résolutions A et B-libres de M et N , $(\sum (K_p \hat{\otimes}_k L_q))_{p+q=n}$ est manifestement une résolution C-libre de $M \hat{\otimes}_k N$.

En particulier si l'on identifie A au C-module $C/\underline{d}$, où $\underline{d} = (X_1 - Y_1, \ldots, X_n - Y_n)$, on a les égalités

$K_p \otimes_A L_q = (K_p \hat{\otimes}_k L_q) \otimes_C A$, <u>d'où la formule de réduction à la diagonale</u>: $\quad \mathrm{Tor}_i^A(M,N) \simeq \mathrm{Tor}_i^C(M \hat{\otimes}_k N, A)$

b) k <u>est un anneau de valuation discrète,</u> $A \simeq B \simeq k[[X_1, \ldots, X_n]]$.

La lettre π désignera un générateur de l'idéal maximal de k et $\underline{k}$ désignera le corps résiduel $k/\pi k$.

Dans ces conditions

$C = A \hat{\otimes}_k B = k[[X_1, \ldots, X_n; Y_1, \ldots, Y_n]]$,

$\underline{A} = A/\pi A = \underline{k}[[X_1, \ldots, X_n]]$,

$\underline{C} = \underline{k}[[X_1, \ldots, X_n; Y_1, \ldots, Y_n]]$,

$(M \hat{\otimes}_k N)/\pi . (M \hat{\otimes}_k N) = M/\pi M \hat{\otimes}_{\underline{k}} N/\pi N$.

Il en résulte que si π n'est pas diviseur de 0 dans M et N, on a $\dim M \hat{\otimes}_k N = \dim M + \dim N - 1$.

Enfin, résolvant M et N comme dans a), et prenant une C-résolution projective de $A = C/\underline{d}$, on aboutit à une <u>suite spectrale</u>:

$$\mathrm{Tor}_p^B(A, \widehat{\mathrm{Tor}}_q^k(M,N)) \Longrightarrow \mathrm{Tor}_{p+q}^A(M,N)$$

La suite dégénère si π ne divise pas 0 dans M ou N.

3. <u>Anneaux réguliers d'égale caractéristique</u>.

Le monstre étant avalé, nous allons essayer de le digérer. Pour cela nous allons d'abord scruter le <u>cas particulier a)</u>. Dans ce cas le complexe de Koszul $K^C((X_j - Y_j), C)$ est une résolution libre de $A = C/\underline{d}$. On en déduit que, si M et N désignent toujours deux A-modules de type fini, les $\mathrm{Tor}_i^A(M,N)$ s'identifient aux modules d'homologie du complexe de Koszul $K^C((X_j - Y_j), M\hat{\otimes}_k N)$, ou

$$\mathrm{Tor}_i^A(M,N) \simeq H_i(K^C((X_j - Y_j), M\hat{\otimes}_k N))$$

Le théorème 1 du Chapitre IV s'applique à ce complexe de Koszul, et on trouve en particulier le résultat suivant:

<u>Si $M \otimes_A N$ est un A-module de longueur finie, les $\mathrm{Tor}_i^A(M,N)$ sont de longueur finie et la caractéristique d'Euler-Poincaré</u>

$$\chi(M,N) = \sum_{i=o}^{i=n} (-1)^i \, \ell(\mathrm{Tor}_i^A(M,N))$$ <u>est égale à la multiplicité</u>

$e_{\underline{d}}(M\hat{\otimes}_k N, n)$ <u>du C-module $M\hat{\otimes}_k N$ pour l'idéal $\underline{d}$. Ainsi</u>

$\chi(M,N) \geq 0$,

$\dim^A M = \dim^A N = \dim^C M\hat{\otimes}_k N \leq n$,

<u>et</u> $\chi(M,N) = 0$ <u>si et seulement si</u> $\dim^A M + \dim^A N < n$.

Ce résultat se généralise facilement qux anneaux réguliers de la géométrie algébrique. D'abord il est clair que tout anneau régulier A est produit direct d'un nombre fini d'anneaux réguliers intègres (un anneau noethérien A tel que, pour tout idéal premier $\underline{p}$, $A_{\underline{p}}$ soit intègre, est produit direct d'un nombre fini d'anneaux intègres). Si A est intègre, on dit que A est <u>d'égale caractérisitique,</u> si, pour tout idéal premier $\underline{p}$, $A/\underline{p}$ et A ont même caractéristique. Nous conviendrons qu'un anneau régulier A sera dit <u>d'égale caractéristique</u> si ses "composantes intègres" sont d'égale caractéristique, ou encore si, pour tout idéal premier $\underline{p}$, l'anneau local $A_{\underline{p}}$ est d'égale caractéristique.

<u>Théorème 1:</u> <u>Si</u> A <u>est un anneau régulier d'égale caractéristique,</u> M <u>et</u> N <u>deux A-modules de type fini et</u> $\underline{q}$ <u>un idéal premier minimal de</u> $M \otimes_A N$, <u>alors</u>

(1) $\chi_{\underline{q}}(M,N) = \sum_{i=0}^{i=\dim A} (-1)^i \, \ell(\mathrm{Tor}_i^A(M,N)_{\underline{q}}) \geqslant 0$ <u>et</u>

(2) $\dim_{A_{\underline{q}}} M_{\underline{q}} + \dim_{A_{\underline{q}}} N_{\underline{q}} \leqslant \mathrm{ht}^A \underline{q}$

(3) <u>Enfin on a</u> $\dim M_{\underline{q}} + \dim N_{\underline{q}} \leqslant \mathrm{ht}_{\underline{q}}^A$ <u>si et seulement si</u>

$\chi_{\underline{q}}(M,N) = 0$.

En effet, on se ramène immédiatement au cas où A est de la forme $k[[X_1,\ldots,X_n]]$ par localisation en $\underline{q}$, et complétion de l'anneau local $A_{\underline{q}}$:

$$\mathrm{Tor}_i^A (M,N)_{\underline{q}} = \mathrm{Tor}_i^{A_{\underline{q}}} (M_{\underline{q}}, N_{\underline{q}}) = \mathrm{Tor}_i^{\hat{A}_{\underline{q}}}(\hat{M}_{\underline{q}}, \hat{N}_{\underline{q}}) \ .$$

On peut en outre compléter le théorème comme suit:

Complément: si $\underline{a}$ et $\underline{b}$ désignent les annulateurs de M et N dans A, $\underline{m}$ l'idéal maximal $\underline{q}.A_{\underline{q}}$ de $A_{\underline{q}}$, $\underline{c}$ l'idéal engendré par $\underline{a}+\underline{b}$ dans $A_{\underline{q}}$, et si $\chi_{\underline{q}}(M,N) > 0$, on a les inégalités:

$$e_{\underline{m}}^{A_{\underline{q}}}(M_{\underline{q}},\dim M_{\underline{q}}).\, e_{\underline{m}}^{A_{\underline{q}}}(N_{\underline{q}},\dim N_{\underline{q}}) \leqslant \chi_{\underline{q}}(M,N) \leqslant$$

$$\leqslant e_{\underline{c}}^{A_{\underline{q}}}(M_{\underline{q}},\dim M_{\underline{q}})\, e_{\underline{c}}^{A_{\underline{q}}}(M_{\underline{q}},\dim N_{\underline{q}}) .$$

En effet, si k désigne un corps de Cohen de $\hat{A}_{\underline{q}}$, on a déjà vu que $\chi_{\underline{q}}(M,N)$ est égal à la multiplicité $e_{\underline{d}}^{C}(M\hat{\otimes}_k N,\ \mathrm{ht}^A\underline{q})$, où $C = A_{\underline{q}}\hat{\otimes}_k A_{\underline{q}}$ et où $\underline{d}$ est l'idéal de C engendré par les $a\hat{\otimes}_k 1 - 1\hat{\otimes}_k a$, $a\in A_{\underline{q}}$. Mais l'idéal $\underline{a}_{\underline{q}}\hat{\otimes}_k A_{\underline{q}} + A_{\underline{q}}\hat{\otimes}_k \underline{b}_{\underline{q}} = \underline{f}$ annule $M_{\underline{q}}\hat{\otimes}_k N_{\underline{q}}$ et l'assertion résulte des propriétés démontrées dans le paragraphe 2 et des inclusions:

$$\underline{m}\hat{\otimes}_k A_{\underline{q}} + A_{\underline{q}}\hat{\otimes}_k \underline{m} \supset \underline{d}+\underline{f} \supset \underline{c}\hat{\otimes}_k A_{\underline{q}} + A_{\underline{q}}\hat{\otimes}_k \underline{c} .$$

4. Conjectures.

Il est naturel de conjecturer que le théorème 1 est vrai pour tous les anneaux réguliers, pas seulement pour les anneaux réguliers d'égale caractéristique. On peut faire à ce sujet les remarques suivantes:

a) Le théorème 1 est vrai sans hypothèse de régularité si M est de la forme $A/(X_1,\ldots,X_r)$, les X_i formant une A-suite. Alors en effet, M est de dimension homologique finie, les $\mathrm{Tor}_i^A(M,N)$

sont les modules d'homologie du complexe $K^A((X_i),N)$, et en particulier $\chi_{\underline{q}}(M,N) = e_{\underline{x}_{\underline{q}}}^{A_{\underline{q}}}(N_{\underline{q}}, r)$, où $\underline{x}$ est l'idéal engendré par les x_i

b) Il suffit de faire la démonstration dans le cas où A est un anneau local régulier <u>complet</u>. En effet on se ramène à ce cas par localisation et complétion.

c) Il suffit de démontrer le théorème 1 dans le cas où M et N sont de la forme $M = A/\underline{p}$, $N = A/\underline{q}$, $\underline{p}$ et $\underline{q}$ désignent des idéaux premiers de A . On remarque en effet que $\chi(M,N)$ est "biadditif" en M et N et le cas général se déduit du cas particulier en prenant des suites de composition de M et N dont les quotients sont de la forme $A/\underline{p}$, $A/\underline{q}$.

Dans le cas d'égale caractéristique on s'est d'abord servi de b), puis de a) par réduction à la diagonale. En fait ces remarques vont nous permettre de généraliser un peu le théorème 1.

5. <u>Anneaux réguliers d'inégale caractéristique (cas non ramifié)</u>.

<u>Théorème 2</u>: <u>Le théorème</u> 1 <u>reste vrai si l'on remplace l'hypothèse</u> " A <u>est un anneau régulier d'égale caractéristique</u>" <u>par l'hypothèse plus générale</u>: A <u>est un anneau régulier et pour tout idéal premier</u> $\underline{p}$ <u>de</u> A , <u>l'anneau local</u> $A_{\underline{p}}$ <u>est soit d'égale caractéristique</u>, <u>soit d'inégale caractéristique et non ramifié</u>.

(En fait, il suffit que cette propriété soit vérifiée lorsque p est un <u>idéal maximal</u>. On démontre en effet que, si A est un anneau local régulier d'inégale caractéristique et non ramifié, tout anneau de fraction $A_{\underline{p}}$ est, soit du même type soit d'égale caractéristique).

On rappelle qu'un anneau local d'inégale caractéristique est dit <u>non ramifié</u>, si $p \in \underline{m}$, $p \notin \underline{m}^2$, où p désigne la caractéristique du corps résiduel et $\underline{m}$ l'idéal maximal. Cohen a montré (voir Samuel, Algèbre locale) qu'un anneau local complet régulier d'inégale caractéristique, non ramifié, est de la forme $k[[X_1,\ldots,X_n]]$ où k désigne un anneau de valuation discrète complet et non ramifié (notations du paragraphe 2 b). Par localisation et complétion, on ramène donc la démonstration du théorème 2 à celle du

<u>Lemme</u>: <u>Si</u> $A = k[[X_1,\ldots,X_n]]$, <u>où</u> k <u>est un anneau de valuation discrète complet et si</u> M <u>et</u> N <u>sont deux A-modules de type fini tels que</u> $M \otimes_A N$ <u>soit de longueur finie, alors on a les inégalités</u>:

(1) $\chi(M,N) = \sum_{i=0}^{n+1} (-1)^i \, \ell(\mathrm{Tor}_i^A(M,N)) \geqslant 0$ <u>et</u>

(2) $\dim M + \dim N \leqslant \dim A = n+1$

(3) <u>En outre</u> $\chi(M,N) \neq 0$ <u>si et seulement si</u> $\dim M + \dim N = \dim A$.

(Noter qu'il n'est pas nécessaire de supposer k non ramifié. Le lemme est donc, en un sens, plus général que le théorème 2.)

D'après la remarque c) du n° 4 il suffit de faire la démonstration quand M et N sont "copremiers" (i.e. toute homothétie est soit injective, soit nulle). On considère alors les différents cas que voici (π désignant toujours un générateur de l'idéal maximal de k):

α) π <u>n'est diviseur de</u> 0 <u>ni dans</u> M, <u>ni dans</u> N:

On sait qu'alors

$$\mathrm{Tor}_i^A(M,N) = \mathrm{Tor}_i^C(A, M \hat{\otimes}_k N) \quad ,$$

où
$$C \simeq k\,[[X_1,\dots,X_n \,;\, Y_1,\dots,Y_n]]$$
et que
$$\dim^C(M \hat{\otimes}_k N) = \dim^A M + \dim^A N - 1 \quad .$$

En outre le complexe de Koszul $K^C((X_i - Y_i), B)$ est une résolution libre du B-module $A = C/\underline{d}$. La remarque a) du N°4 s'applique à $\chi^C(A, M\hat{\otimes}_k N)$.

β) π <u>annule</u> M <u>et n'est pas diviseur de</u> 0 <u>dans</u> N :

Alors $\underline{M} = M/\pi M = M$ et M est un module sur $\underline{A} = \underline{k}\,[X_1,\dots,X_n]$.

On a donc une suite spectrale (Cartan-Eilenberg, XIV, 4, 2a et 3a) :
$$\mathrm{Tor}_p^{\underline{A}}(M, \mathrm{Tor}_q^A(\underline{A},N)) \Longrightarrow \mathrm{Tor}_{p+q}^A(M,N) \quad .$$

En fait la suite exacte : $0 \longrightarrow A \xrightarrow{\pi} A \longrightarrow \underline{A} \longrightarrow 0$ montre que $\underline{A}$ est de dimension homologique 1 sur A et que
$$\underline{A} \otimes_A N = N/\pi N \quad , \text{et}$$
$$\mathrm{Tor}_1^A(\underline{A},N) = {}_{\pi}N = \mathrm{Ann}_N(\pi)$$
= ensemble des éléments de N annulés par π .

La suite spectrale se "réduit" donc à la suite exacte :
$$\dots \longrightarrow \mathrm{Tor}_{i-1}^{\underline{A}}(M, {}_{\pi}N) \longrightarrow \mathrm{Tor}_i^A(M,N) \longrightarrow \mathrm{Tor}_i^{\underline{A}}(M, N/\pi N) \longrightarrow$$
$$\longrightarrow \mathrm{Tor}_{i-2}^{\underline{A}}(M, {}_{\pi}N) \longrightarrow \dots ,$$
d'où $\chi^A(M,N) = \chi^{\underline{A}}(M, N/\pi N) - \chi^{\underline{A}}(M, {}_{\pi}N)$.

Mais nous supposons que ${}_{\pi}N = 0$: donc
$$\chi^A(M,N) = \chi^{\underline{A}}(M,N/\pi N) \geqslant 0 \quad ,$$
$$\dim^{\underline{A}} M + \dim^{\underline{A}} N/\pi N \leqslant n \quad .$$

et l'inégalité stricte a lieu si et seulement si $\chi^{\underline{A}}(M,N/\pi N) = 0$.
Comme $\dim^A M = \dim^{\underline{A}} M$, et $\dim^{\underline{A}} N/\pi N = \dim^A N/\pi N = \dim^A N - 1$,
la propriété est démontrée.

γ) π annule M et N :

Considérant toujours M comme $\underline{A}$-module, N comme A-module, la suite spectrale reste valable et donne:

$$\chi^A(M,N) = \chi^{\underline{A}}(M,N/\pi N) - \chi^{\underline{A}}(M, {}_{\pi}N) .$$

Mais dans ce cas $N/\pi N = {}_{\pi}N = N$ et $\chi^A(M,N) = 0$; il suffit donc de vérifier que $\dim^A M + \dim^A N = \dim^{\underline{A}} M + \dim^{\underline{A}} N < n + 1$. Mais comme $M \otimes_A N = M \otimes_{\underline{A}} N$ est un $\underline{A}$-module de longueur finie, et que le lemme est démontré pour $\underline{A}$, on a $\dim^{\underline{A}} M + \dim^{\underline{A}} N < n$, c.q.f.d.

6. Anneaux réguliers quelconques.

On ne sait pas encore[(1)] étendre à ces anneaux les propriétés (1) et (3) du théorème 1. Par contre, on peut démontrer l'inégalité (2) (la "formule des dimensions" de la géométrie algébrique). De façon précise:

Théorème 3: Soient A un anneau régulier, $\underline{p}$ et $\underline{q}$ deux idéaux premiers de A, $\underline{r}$ un idéal premier de A minimal parmi ceux qui contiennent $\underline{p} + \underline{q}$. On a alors:

$$\mathrm{ht}^A \underline{p} + \mathrm{ht}^A \underline{q} \geq \mathrm{ht}^A \underline{r}$$

En localisant par rapport à $\underline{r}$, et en complétant l'anneau local $A_{\underline{r}}$ on voit qu'il suffit de considérer le cas où A est un anneau local régulier complet d'idéal maximal $\underline{r}$. D'après un

(1) voir Note, p. V-33 (156)

théorème de Cohen (voir Samuel, <u>Algèbre locale</u>), A est de la forme A_1/aA_1 , où A_1 est un anneau de séries formelles sur un anneau de valuation discrète complet k .

Si l'on considère alors $A/\mathfrak{p}$ et $A/\mathfrak{q}$ comme A_1-modules, on démontre comme dans le cas γ) du N° 5 que $\chi^{A_1}(A/\mathfrak{p}, A/\mathfrak{q}) = 0$ d'où $\dim A/\mathfrak{p} + \dim A/\mathfrak{q} < \dim A_1$ et

$$\dim A/\mathfrak{p} + \dim A/\mathfrak{q} \leq \dim A = (\dim A_1) - 1 \quad , \text{c.q.f.d.}$$

Signalons aussi le résultat suivant:

<u>Théorème 4</u>: <u>Soit</u> A <u>un anneau local régulier de dimension</u> n , <u>soient</u> M <u>et</u> N <u>deux</u> A-<u>modules de type fini non nuls tels que</u> $M \otimes_A N$ <u>soit de longueur finie, et soit</u> i <u>le plus grand entier tel que</u> $\mathrm{Tor}_i^A(M,N) \neq 0$. <u>On a alors</u>:

$$(*) \qquad i = dh(M) + dh(N) - n \ .$$

<u>Démonstration</u> (d'après Grothendieck): Soit k le corps résiduel de A. On va déterminer de deux façons différentes le plus grand entier r tel que le "Tor triple" $\mathrm{Tor}_r^A(M,N,k)$ soit $\neq 0$:

a) La suite spectrale $\mathrm{Tor}_p^A(\mathrm{Tor}_q^A(M,N),k) \Longrightarrow \mathrm{Tor}_{p+q}^A(M,N,k)$ montre que $\mathrm{Tor}_j^A(M,N,k) = 0$ si $j > i + n$, et que

$$\mathrm{Tor}_{i+n}^A(M,N,k) = \mathrm{Tor}_n^A(\mathrm{Tor}_i^A(M,N),k) \neq 0 \ ,$$

puisque $\mathrm{Tor}_i^A(M,N)$ est un A-module non nul de longueur finie. Donc $r = n + i$.

b) La suite spectrale $\mathrm{Tor}_p^A(M,\mathrm{Tor}_q^A(N,k)) \Longrightarrow \mathrm{Tor}_{p+q}^A(M,N,k)$ montre que $r = dh(M) + dh(N)$ (on applique encore une fois le "principe du cycle maximum"). D'où $n+i = dh(M) + dh(N)$, c.q.f.d.

__Corollaire: Les hypothèses étant celles du théorème 4, pour que__ $\mathrm{Tor}_i^A(M,N) = 0$ __pour__ $i > 0$, __il faut et il suffit que__ M __et__ N __soient des modules de Cohen-Macaulay et que__ $\dim M + \dim N = n$.

On peut écrire l'entier i du théorème 4 sous la forme suivante: $i = (dh(M) + \dim M - n) + (dh(N) + \dim N - n)$

$$+ (n - \dim M - \dim N)$$

$$= (\dim M - \mathrm{codh}\, M) + (\dim N - \mathrm{codh}\, N)$$

$$+ (n - \dim M - \dim N) \; .$$

Or, chacun des termes entre parenthèses est $\geqslant 0$ (pour les deux premiers, d'après le Chapitre IV; pour le troisième, d'après le théorème 3). On a donc $i = 0$, si et seulement si chacun de ces termes est nul, d'où le résultat cherché.

__Remarque:__ Lorsque les hypothèses du corollaire sont satisfaites, on a $\chi(M,N) = \ell(M \otimes_A N)$; il est probable que la réciproque est vraie. Plus généralement, on peut conjecturer que toutes les "__caractéristiques d'Euler-Poincaré partielles__"

$$\chi_r(M,N) = \sum_{i \geqslant 0} (-1)^i \, \ell(\mathrm{Tor}_{i+r}^A(M,N)), \; r = 1,\dots,n \, ,$$

sont $\geqslant 0$, et que $\chi_r = 0$ si et seulement si chacun des $\mathrm{Tor}_{i+r}^A(M,N)$ est nul, cf. Chap. IV, App.II. C'est en tout cas vrai dans le cas d'égale caractéristique, d'après Auslander-Buchsbaum. Cela explique pourquoi la définition des multiplicités d'intersection de Gröbner (au moyen de $\ell(M \otimes_A N)$) ne donne un résultat "correct" que lorsque les variétés sont localement de Cohen-Macaulay (voir les exemples construits par Gröbner lui-même).

C) RACCORD AVEC LA GÉOMÉTRIE ALGÉBRIQUE

1. Formule des Tor.

Soit X une variété algébrique, définie sur un corps k . Pour simplifier, nous supposerons que k est algébriquement clos, et X irréductible. Soient U, V, W trois sous-variétés irréductibles de X, W étant une composante irréductible de $U \cap V$. Supposons que W soit simple sur X (i.e. rencontre l'ouvert des points simples de X); il revient au même de dire que l'anneau local A de X en W est régulier. On a alors (cf. § B, n°3):

$$(1) \qquad \dim U + \dim V \leqslant \dim X + \dim W .$$

Lorsqu'il y a égalité dans la formule ci-dessus, on dit que l'intersection est propre en W (ou encore que U et V se coupent proprement en W).

Soient $\mathfrak{p}_U$ et $\mathfrak{p}_V$ les idéaux premiers de l'anneau local A qui correspondent aux sous-variétés U et V . Par hypothèse, A est régulier, et $A/(\mathfrak{p}_U+\mathfrak{p}_V)$ est de longueur finie.
La caractéristique d'Euler-Poincaré

$$\chi^A(A/\mathfrak{p}_U, A/\mathfrak{p}_V) = \sum_{i=0}^{\dim X} (-1)^i \, \ell_A(\mathrm{Tor}_i^A(A/\mathfrak{p}_U, A/\mathfrak{p}_V))$$

est définie; c'est un entier $\geqslant 0$ (cf. § B).

Théorème 1: (a) Si U et V ne se coupent pas proprement en W , on a $\chi^A(A/\mathfrak{p}_U, A/\mathfrak{p}_V) = 0$.

(b) Si U et V se coupent proprement en W, $\chi^A(A/\mathfrak{p}_U, A/\mathfrak{p}_V)$ coïncide avec la multiplicité d'intersection $i(X, U.V, W)$ de U et V en W , au sens de Weil, Chevalley, Samuel.

L'assertion (a) résulte du théorème 1 du § B. Nous démontrerons (b) au n°4, après avoir établi que la fonction $I(X, U.V, W) = \chi^A(A/\underline{p}_U , A/\underline{p}_V)$ vérifie les propriétés formelles d'une "intersection".

2. Cycles sur une variété affine non singulière.

Soit X une variété affine non singulière, de dimension n, et d'anneau de coordonnées A. Si $a \in \underline{\underline{N}}$, et si M est un A-module de dimension $\leqslant a$, le cycle $Z_a(M)$ est défini (cf. § A); c'est un cycle positif de dimension a, nul si et seulement si $\dim.M < a$.

Proposition 1: Soient $a,b,c \in \underline{\underline{N}}$ tels que $a+b = n+c$. Soient M, N deux A-modules tels que:

(2) $\dim.M \leqslant a$, $\dim.N \leqslant b$, $\dim.M \otimes_A N \leqslant c$.

Alors les cycles $Z_a(M)$ et $Z_b(N)$ sont définis, se coupent proprement, et le cycle intersection $Z_a(M).Z_b(N)$ (défini par linéarité à partir de la fonction I du n°1) coïncide avec le cycle

(3) $Z_c(\mathrm{Tor}^A(M, N)) = \sum (-1)^i Z_c(\mathrm{Tor}_i^A(M, N))$.

Soit W une sous-variété irréductible de dimension c de X, correspondant à l'idéal premier $\underline{r}$ de A; soit B l'anneau local $A_{\underline{r}}$ (i.e. l'anneau local de X en W). Par définition, le coefficient de W dans le cycle $Z_c(\mathrm{Tor}^A(M,N))$ est égal à:

$$\sum (-1)^i \ell_B(\mathrm{Tor}_i^A(M,N)_{\underline{r}}) = \chi^B(M_{\underline{r}}, N_{\underline{r}}) .$$

Ce coefficient est donc "biadditif" en M et N, et nul si $\dim.M < a$ ou $\dim.N < b$, cf. § B, n°3. Il en est de même, trivialement, du coefficient de W dans $Z_a(M).Z_b(N)$. On est donc ramené au cas où $M = A/\underline{p}$, $N = A/\underline{q}$, les idéaux $\underline{p}$ et $\underline{q}$ étant premiers et correspondant à des sous-variétés U et V de X de dimensions respectives a et b. Dans ce cas, le coefficient de W dans $Z_c(\mathrm{Tor}^A(M, N))$ est égal à $\chi^B(B/\underline{p}B, B/\underline{q}B) = I(X, U.V, W)$, cqfd.

Remarques.

1) La proposition 1 fournit un procédé très commode pour calculer l'intersection (au sens de la fonction I - mais on verra plus loin que c'est aussi le sens habituel) de deux cycles positifs z et z' , de dimensions a et b , se coupant proprement: on choisit des modules M et N de cycles z et z' tels que $\dim. M \otimes N$ ait la dimension voulue (ce sera automatiquement le cas si Supp(M) = Supp(z) et Supp(N) = Supp(z')), et le cycle z.z' cherché est simplement le "cycle de Tor(M, N)" , i.e. la somme alternée des cycles des $Tor_i(M,N)$.

2) Dans le cas des variétés algébriques non nécessairement affines, les faisceaux cohérents remplacent les modules. Si $\underline{M}$ est un tel faisceau, avec $\dim.Supp(\underline{M}) \leqslant a$ (ce que l'on écrit aussi $\dim.\underline{M} \leqslant a$, bien entendu), on définit de façon évidente le cycle $Z_a(\underline{M})$. La proposition 1 reste valable, les modules $Tor_i^A(M,N)$ étant remplacés par les faisceaux $\underline{Tor}_i(\underline{M}, \underline{N})$, les $\underline{Tor}$ étant pris sur le faisceau structural $\underline{A} = \underline{O}_X$ de X .

3. Premières formules.

Nous allons voir que le produit des cycles, défini au moyen de la fonction I du n°1 (i.e. en prenant la "formule des Tor" pour définition) vérifie les propriétés fondamentales des intersections; ces propriétés étant toutes de nature locale, nous supposerons que les variétés considérées sont affines et non singulières. Cela nous permettra d'appliquer la proposition 1 du n° précédent.

a) Commutativité.

Evidente à cause de la commutativité de chaque Tor_i .

b) Associativité.

On considère trois cycles z,z',z'' de dimensions respectives a,a',a''. On suppose que les produits $z.z'$, $(z.z').z''$, $z'.z''$ et $z.(z'.z'')$ sont définis, et il s'agit de prouver que

$$(z.z').z'' = z.(z'.z'').$$

Par linéarité, on peut supposer que z,z' et z'' sont $\geqslant 0$. Soit A l'anneau de coordonnées de la variété ambiante X donnée, et soit n sa dimension. Choisissons un A-module M de support égal à celui de z, et tel que $Z_a(M) = z$; soient M' et M'' des modules correspondants pour z' et z''.

La formule cherchée va provenir de "l'associativité" des Tor. D'après Cartan-Eilenberg, cette associativité s'exprime par l'existence de Tor triples $\mathrm{Tor}_i^A(M, M', M'')$ et de deux suites spectrales:

$$(4) \qquad \mathrm{Tor}_p^A(M, \mathrm{Tor}_q^A(M', M'')) \Longrightarrow \mathrm{Tor}^A(M, M', M'')$$

$$(5) \qquad \mathrm{Tor}_p^A(\mathrm{Tor}_q^A(M, M'), M'') \Longrightarrow \mathrm{Tor}^A(M, M', M'') .$$

Posons $c = a + a' + a'' - 2n$, et $b = a' + a'' - n$. Puisque les intersections considérées sont propres, on a

$$\dim.M' \otimes M'' \leqslant b \quad \text{et} \quad \dim.M \otimes M' \otimes M'' \leqslant c .$$

On peut donc définir les cycles:

$$y_q = Z_b(\mathrm{Tor}_q^A(M', M'')) , \quad x_{pq} = Z_c(\mathrm{Tor}_p^A(M, \mathrm{Tor}_q^A(M', M''))) ,$$

$$x_i = Z_c(\mathrm{Tor}_i^A(M, M', M'')) .$$

L'invariance des caractéristiques d'Euler-Poincaré dans les suites spectrales, appliquée à (4), donne:

$$\sum_i (-1)^i x_i = \sum_{p,q} (-1)^{p+q} x_{pq} .$$

Mais la proposition 1 montre que $\sum_p (-1)^p x_{pq} = z.y_q$ et $\sum_q (-1)^q y_q = z'.z''$.

On a donc:

$$\sum_i (-1)^i x_i = z.(z'.z'') .$$

Utilisant (5) , on voit de même que $\sum_i (-1)^i x_i = (z.z').z''$, d'où la formule d'associativité cherchée.

c) Formule du produit.

On se donne deux variétés non singulières X et X' , et des cycles z_1, z_2 (resp. z_1', z_2') portés par X (resp. X'). On suppose que $z_1.z_2$ et $z_1'.z_2'$ sont définis. Alors les cycles produits $z_1 \times z_1'$ et $z_2 \times z_2'$ (portés par $X \times X'$) se coupent proprement, et l'on a:

$$(6) \qquad (z_1 \times z_1').(z_2 \times z_2') = (z_1.z_2) \times (z_1'.z_2') .$$

On peut supposer qu'il s'agit de cycles positifs, et que X et X' sont affines, d'anneaux de coordonnées A et A' . Si M_1, M_2, M_1', M_2' sont des modules correspondants à z_1, z_2, z_1', z_2' , on vérifie tout de suite que le cycle associé à $M_1 \otimes_k M_1'$ (considéré comme module sur l'anneau $B = A \otimes_k A'$ de $X \times X'$) est égal à $z_1 \times z_1'$ [on pourrait même prendre ce fait comme définition du produit direct des cycles] . La formule à démontrer résulte alors de la "formule de Künneth" :

$$\mathrm{Tor}_h^B(M_1 \otimes M_1', M_2 \otimes M_2') = \sum_{i+j=h} \mathrm{Tor}_i^A(M_1, M_2) \otimes_k \mathrm{Tor}_j^{A'}(M_1', M_2') .$$

d) Réduction à la diagonale.

Soit Δ la diagonale de $X \times X$. Il s'agit d'établir la formule

$$(7) \qquad z_1.z_2 = (z_1 \times z_2).\Delta ,$$

valable quand les cycles z_1 et z_2 se coupent proprement.

Soit A l'anneau de coordonnées de X , et soit $B = A \otimes_k A$ celui de $X \times X$. Si M_1 et M_2 sont des modules correspondant à z_1 et z_2

respectivement, on a

$$\operatorname{Tor}_i^A(M_1, M_2) = \operatorname{Tor}_i^B(M_1 \otimes_k M_2, A) \quad ,$$

cf. § B, n°1. La formule à démontrer en résulte en prenant la somme alternée des cycles des deux membres.

4. Démonstration du théorème 1.

Il s'agit de prouver que les fonctions I et i coïncident.
Commençons par traiter le cas où U est une __intersection complète__
__en__ W ; cela signifie que l'idéal $\underline{p}_U$ du n°1 est engendré par h éléments $x_1, \ldots, x_h$, avec $h = \dim.X - \dim.U = \dim.V - \dim.W$. D'après
le théorème 1 du Chap.IV, on a alors:

$$\chi^A(A/\underline{p}_U, A/\underline{p}_V) = e_{\underline{x}}(A/\underline{p}_V) \quad ,$$

où $\underline{x}$ désigne l'idéal de $A/\underline{p}_V$ engendré par les images des x_i .
Mais, d'après Samuel (__Méthodes d'algèbre abstraite en géométrie algé-__
__brique__, p.83), la multiplicité $e_{\underline{x}}(A/\underline{p}_V)$ est égale à $i(X, U.V, W)$
ce qui démontre bien l'égalité $I = i$ dans le cas considéré.

Le cas général se ramène au cas précédent, en utilisant la __réduction__
__à la diagonale,__ qui est valable à la fois pour I et pour i . Du fait
que $\triangle$ est non singulière, c'est une intersection complète en tout
point, et l'on est bien dans les hypothèses du cas précédent, cqfd.

5. Rationalité des intersections.

Bornons-nous pour simplifier au cas où X est une variété affine d'anneaux de coordonnées A sur k . Soit k_o un sous-corps de k , On
dit (en style "Weil") que X est __définie__ sur k_o si l'on s'est donnée
une sous-k_o-algèbre A_o de A telle que $A = A_o \otimes_{k_o} k$.

Soit M_o un A_o-module (de type fini, comme toujours), avec
$\dim.M_o \leqslant a$. On peut considérer $M_o \otimes_{k_o} k$ comme un A-module, et l'on a

$\dim(M_o \otimes k) \leqslant a$, ce qui permet de définir le cycle $Z_a(M_o \otimes k)$.
Un cycle z de dimension a sur X est dit <u>rationnel sur</u> k_o s'il est différence de deux cycles $Z_a(M_o \otimes k)$ et $Z_a(M_o' \otimes k)$ obtenus par le procédé précédent. Le groupe abélien des cycles rationnels sur k_o admet pour base l'ensemble des "cycles premiers" $Z_a(A_o/\underline{p}_o \otimes k)$, où $\underline{p}_o$ parcourt l'ensemble des idéaux premiers de A_o tels que $\dim(A_o/\underline{p}_o)=a$.
Cette définition de la rationalité des cycles est équivalente à celle donnée par Weil dans les <u>Foundations</u>; cela se voit en interprétant "l'ordre d'inséparabilité" qui intervient chez Weil en termes de produits tensoriels de corps (cf. Samuel-Zariski, Chap.II,p.118, th.38).

<u>Théorème 2 (Weil)</u>: <u>Supposons</u> X <u>non singulière, et soient</u> z <u>et</u> z' <u>deux cycles de</u> X , <u>rationnels sur</u> k_o , <u>et tels que</u> $z.z'$ <u>soit défini</u>. <u>Alors</u> $z.z'$ <u>est rationnel sur</u> k_o .

On peut supposer z et z' positifs, donc correspondant à des A_o-modules M_o et M_o' . Le théorème résulte alors de la formule:

$$\mathrm{Tor}_i^A(M_o \otimes k, M_o' \otimes k) = \mathrm{Tor}_i^{A_o}(M_o, M_o') \otimes k .$$

6. <u>Images directes</u>.

Soit $f : X \longrightarrow Y$ un morphisme de variétés algébriques (sur un corps algébriquement clos k , pour fixer les idées), et soit z un cycle de dimension a de X . On définit <u>l'image directe</u> $f_*(z)$ de z par linéarité, à partir du cas où $z = W$, sous-variété irréductible de X . Dans ce cas, on pose:

$f_*(W) = 0$ si l'adhérence W' de $f(W)$ est de dimension $< a$,

$f_*(W) = d.W'$, si $\dim.W' = a$ et si $d = [k(W):k(W')]$ est le "degré" de l'application $f : W \longrightarrow W'$.

Cette opération est toujours définie, et conserve la dimension; elle commute aux produits. Elle est surtout intéressante lorsque f est

<u>propre</u> (ne pas confondre la propreté d'un morphisme avec celle d'une intersection!), en vertu du résultat suivant:

<u>Proposition 2</u>: <u>Soit</u> $f : X \longrightarrow Y$ <u>un morphisme propre, soit</u> z <u>un cycle de dimension</u> a <u>de</u> X , <u>et soit</u> $\underline{M}$ <u>un faisceau cohérent sur</u> X <u>tel que</u> $Z_a(\underline{M}) = z$. <u>Soit</u> $R^q f(\underline{M})$ <u>la</u> q-<u>ème image directe de</u> $\underline{M}$, <u>qui est un faisceau cohérent sur</u> Y (théorème de Grothendieck).

(a) <u>On a</u> $\dim . R^0 f(\underline{M}) \leqslant a$ <u>et</u> $\dim . R^q f(\underline{M}) < a$ <u>pour</u> $q \geqslant 1$.

(b) <u>On a</u>
$$f_*(z) = Z_a(R^0 f(\underline{M})) = \sum_q (-1)^q Z_a(R^q f(\underline{M})) .$$

La démonstration se fait en se ramenant au cas où la restriction de f au support de z est un morphisme <u>fini</u>, auquel cas les $R^q f(\underline{M})$ sont nuls pour $q \geqslant 1$.

7. <u>Images réciproques</u>.

On peut les définir dans diverses situations; je me contenterai d'indiquer la suivante:

Soit $f : X \longrightarrow Y$ un morphisme, avec Y <u>non singulière</u>, et soient x et y des cycles de X et Y respectivement. Posons $|x| = \mathrm{Supp}(x)$ et $|y| = \mathrm{Supp}(y)$. On a alors:

$$\dim . |x| \cap f^{-1}(|y|) \geqslant \dim |x| - \mathrm{codim} . |y| .$$

Le cas "propre" est celui ou il y a égalité. Dans ce cas, on peut définir un <u>cycle intersection</u> $x \cdot_f y$ de support contenu dans $|x| \cap f^{-1}(|y|)$ par l'un des procédés suivants:

a) <u>Réduction à une intersection usuelle</u>: on suppose X affine (le problème étant local), ce qui permet de la plonger dans une variété non singulière V , par exemple un espace affine. L'application $z \longrightarrow (z, f(z))$ plonge X dans $V \times Y$, donc permet d'identifier tout cycle x de X à un cycle $\gamma(x)$ de $V \times Y$. On définit alors $x \cdot_f y$

comme l'unique cycle de X tel que:

$$(8) \qquad \gamma(x\cdot_f y) = \gamma(x)\cdot(V \times y) \ ,$$

le produit d'intersection du membre de droite étant calculé dans la variété non singulière $V \times Y$. On démontre que le résultat obtenu est indépendant du plongement $X \longrightarrow V$.

b) On choisit des <u>faisceaux cohérents</u> $\underline{M}$ et $\underline{N}$ sur X et Y de cycles respectifs x et y, et l'on définit $x\cdot_f y$ comme la somme alternée des cycles des faisceaux $\underline{\mathrm{Tor}}_i(\underline{M}, f^*\underline{N})$, les $\underline{\mathrm{Tor}}_i$ étant pris <u>sur</u> $\underline{O}_Y$ (et étant des faisceau <u>sur</u> X) ; du fait que Y est non singulière, les $\underline{\mathrm{Tor}}_i$ sont nuls pour $i > \dim.Y$, et la somme est finie.

<u>Cas particulier</u>: on prend $x = X$. Le cycle $x\cdot_f y$ se note alors $f^*(y)$ et s'appelle <u>l'image réciproque</u> de y. Rappelons sous quelles conditions il est défini:

i/ Y est non singulière

ii/ $\mathrm{codim}.f^{-1}(|y|) = \mathrm{codim}.|y|$.

Aucune hypothèse sur X n'est nécessaire.

<u>Remarques</u>. 1) Quand X est non singulière, on a

$$(9) \qquad x\cdot_f y = x\cdot f^*(y) \ ,$$

pourvu que les deux membres soient définis.

2) Le cas particulier où Y est une <u>droite</u> est le point de départ de la théorie de l'équivalence linéaire des cycles.

<u>Formule de projection</u>.

C'est la formule:

$$(10) \qquad f_*(x\cdot_f y) = f_*(x)\cdot y \ ,$$

valable lorsque f est propre et que les deux membres sont définis.

La démonstration peut se faire en introduisant des faisceaux $\underline{M}$ et $\underline{N}$ de cycles x et y, et en utilisant deux suites spectrales de même aboutissement et de termes E_2 respectivement:

$$R^q f(\underline{Tor}_p(\underline{M}, \underline{N})) \quad \text{et} \quad \underline{Tor}_i(R^j f(\underline{M}), \underline{N}) \quad ,$$

les $\underline{Tor}$ étant pris sur $\underline{O}_Y$ (cf. Grothendieck, EGA, Chap.III, prop.6.9.8).

Lorsque X est non singulière, cette formule prend la forme plus usuelle:

$$(11) \qquad f_*(x.f^*(y)) = f_*(x).y \quad .$$

__Exercices.__

1/ Soit $Z \xrightarrow{g} Y \xrightarrow{f} X$, et soient x,y,z des cycles de X,Y,Z . On suppose X et Y non singulières. Démontrer la formule suivante (valable lorsque tous les produits qui y figurent sont définis):

$$(12) \qquad z._g(y._f x) = (z._g y)._{fg} x = (z._{fg} x)._g y \quad .$$

Retrouver (pour f = g = 1) l'associativité et la commutativité du produit d'intersection. Pour X=Y, f = 1 , en tirer la formule:

$$(13) \qquad g^*(x.y) = g^*(x)._g y \quad ,$$

d'où $g^*(x.y) = g^*(x).g^*(y)$ lorsque Z est non singulière.

2/ Mêmes hypothèses que dans 1/, à cela près que Y peut être singulière, mais que g est __propre__ (il suffirait que sa restriction à Supp(z) le soit). Démontrer la formule:

$$(14) \qquad g_*(z._{fg} x) = g_*(z)._f x \quad ,$$

valable lorsque les deux membres sont définis. (Pour f = 1 , on retrouve (10).)

3/ Donner les conditions de validité de la formule:

$$(15) \qquad (y_1 \times y_2)._{f_1 \times f_2}(x_1 \times x_2) = (y_1 ._{f_1} x_1) \times (y_2 ._{f_2} x_2) \quad .$$

4/ Soient $f : Y \longrightarrow X$, $f' : Y \longrightarrow X'$, avec X,X' non singulières; soit $g = (f,f') : Y \longrightarrow X \times X'$. Soient x,x',y des cycles de

X, X', Y . Donner les conditions de validité de la formule:

$$(16) \qquad (y \cdot_f x) \cdot_{f'} x' = (y \cdot_{f'} x') \cdot_f x = y \cdot_g (x \times x') \ .$$

5/ Soient $f : Y \longrightarrow X$ et $g : Z \longrightarrow X$, avec X non singulière. Soient y, z des cycles de Y, Z . Définir (sous les conditions de propreté habituelles) un "produit fibré" $y \cdot_X z$, qui est un cycle du produit fibré $Y \times_X Z$ de Y et Z au-dessus de X . Que donne ce produit lorsque $g = 1$? Et lorsque X est réduit à un point ?

8. Extensions de la théorie des intersections.

Il est clair que la "formule des Tor" permet de définir l'intersection de deux cycles dans des cas plus généraux que celui de la géométrie algébrique classique. Par exemple:

i) Elle s'applique aux espaces analytiques (ou formels) . Il n'y a aucune difficulté, puisque tous les anneaux locaux qui interviennent sont d'égale caractéristique. Dans le cas des espaces analytiques complexes, le produit d'intersection ainsi obtenu coïncide avec celui défini par voie topologique par Borel-Haefliger; cela se démontre par réduction au cas "élémentaire" 4.10 de leur mémoire.

ii) Elle s'applique à tout schéma (au sens de Grothendieck) régulier X pourvu que les conjectures du § B aient été vérifiées pour les anneaux locaux de ce schéma; c'est notamment le cas lorsque ces anneaux locaux sont d'égale caractéristique. [Même lorsque X est un schéma de type fini sur un corps k , cela donne une théorie des intersections un peu plus générale que la théorie usuelle; en effet, si k n'est pas parfait, il se peut que X soit régulier sans être simple (i.e. lisse , dans la terminologie de Grothendieck) sur k ; or la théorie de Weil ne s'applique qu'au cas lisse.]

iii) Plus généralement, la théorie des intersections s'applique à tout schéma X qui est lisse sur un anneau de valuation discrète C. On peut en effet montrer que les anneaux locaux de X vérifient les conjectures du § B [la démonstration se fait par un procédé de réduction à la diagonale analogue - en plus simple - à celui utilisé au § B, n°5]. Ce cas est important, car il est à la base de la réduction des cycles de Shimura. Indiquons rapidement comment:

Soit k (resp. K) le corps résiduel de C (resp. son corps des fractions). Le schéma X est somme disjointe du sous-schéma fermé $X_k = X \otimes_C k$ et du sous-schéma ouvert $X_K = X \otimes_C K$; le schéma X_k est de type fini sur k (c'est une "variété algébrique" sur le corps résiduel) ; de même, X_K est de type fini sur K. On dit parfois, assez fâcheusement, que X_k est la réduction de X_K.

Tout cycle de X_k définit, par injection, un cycle de même dimension de X ; tout cycle z de dimension a de X_K définit par adhérence un cycle $\bar{z}$ de dimension $a+1$ de X. Le groupe $Z_n(X)$ des cycles de dimension n de X se trouve ainsi décomposé en somme directe:

$$Z_n(X) = Z_n(X_k) + Z_{n-1}(X_K) .$$

La projection $Z_n(X) \longrightarrow Z_{n-1}(X_K)$ est donnée par la restriction des cycles. Du point de vue des faisceaux, les cycles de $Z(X_k)$ correspondent aux faisceaux cohérents $\underline{M}$ sur X qui sont annulés par l'uniformisante π de C ; ceux de $Z(X_K)$ correspondent aux $\underline{M}$ qui sont plats sur C (i.e. sans torsion); cette décomposition en deux types intervenait déjà au § B, n°5.

Soit maintenant $z \in Z_n(X_K)$, et soit $\bar{z}$ son adhérence. On peut considérer X_k comme un cycle de codimension 1 de X, et on vérifie tout de suite que le produit d'intersection

$$\tilde{z} = X_k . \bar{z} \qquad \text{(calculé sur } X \text{)}$$

est <u>toujours défini</u>; on a $\tilde{z} \in Z_n(X_k)$, on dit que <u>c'est la réduction du cycle</u> z . Cette opération peut d'ailleurs se définir sans parler d'intersections (et sans hypothèse de lissité ni même de régularité): du point de vue des faisceaux, elle revient à associer à tout faisceau cohérent $\underline{M}$ plat sur C le faisceau $\underline{M}/\pi\underline{M}$. L'hypothèse de lissité intervient seulement pour démontrer les propriétés formelles de l'opération de réduction: compatibilité avec les produits, les images directes, les produits d'intersection; les démonstrations se font, comme dans les n^{os} précédents, à coup d'identités entre faisceaux, ou, au pire, de suites spectrales.

La <u>théorie des intersections sur</u> X donne d'ailleurs davantage que la simple <u>réduction des cycles</u>. Ainsi, si x et x' sont des cycles de X_K la composante de $\bar{x}.\bar{x}'$ dans $Z(X_k)$ donne un <u>invariant</u> intéressant du couple x, x' (bien entendu, il n'est défini que si l'intersection de $\bar{x}$ et $\bar{x}'$ est <u>propre</u>); cet invariant est certainement lié aux "symboles locaux" introduits récemment par Néron.

<u>Note</u> (1988). Un progrès important a été fait dans la direction des conjectures du § B pour des anneaux locaux réguliers quelconques : si A est un tel anneau, et si M et N sont deux A-modules de type fini tels que $\ell(M \otimes N) < \infty$ et $\dim.M + \dim.N < \dim.A$, alors la caractéristique d'Euler-Poincaré

$$\chi(M, N) = \sum_i (-1)^i \, \ell(\mathrm{Tor}_i^A(M, N))$$

est égale à 0. Cela a été démontré par P.Roberts (<u>Bull.Amer.Math. Soc.</u> 13 (1985), p.127-130) et par H.Gillet et C.Soulé (<u>C.R.Acad.Sci. Paris</u> 300 (1985), p.71-74).

On ignore encore si $\chi(M,N)$ est > 0 lorsque $\dim.M + \dim.N = \dim.A$.
Toutefois O. Gabber a demontré que $\chi(M,N)$ est ≥ 0; voir là-dessus P. Berthelot, Sém. Bourbaki n° 815, juin 1996.

BIBLIOGRAPHIE

E.ASSMUS Jr. On the homology of local rings. Illinois J.Math., 3, 1959, p.187-199.

M.AUSLANDER. Modules over unramified regular local rings. Proc.Int. Cong., Stockholm, 1962, p.230-233.

" " On the purity of the branch locus. Amer.J.Math., 84, 1962, p.116-125.

M.AUSLANDER et D.BUCHSBAUM. Homological dimension in local rings. Trans.Amer.Math.Soc., 85, 1957, p.390-405.

" " " . Codimension and multiplicity. Ann.of Maths., 68, 1958, p.625-657 (Errata, 70, 1959, p.395-397).

" " " . Unique factorization in regular local rings. Proc.Nat.Acad.Sci.USA, 45, 1959, p.733-734.

H.BASS. On the ubiquity of Gorenstein rings. Math.Zeit., 82, 1963, p.8-28.

A.BOREL. Sur la cohomologie des espaces fibrés principaux et des espaces homogènes de groupes de Lie compacts. Ann.of Maths., 57, 1953, p.116-207.

A.BOREL et A.HAEFLIGER. La classe d'homologie fondamentale d'un espace analytique. Bull.Soc.Math.France, 89, 1961, p.461-513.

A.BOREL et J-P.SERRE. Le théorème de Riemann-Roch (d'après A.GROTHENDIECK). Bull.Soc.Math.France, 86, 1958, p.97-136.

N.BOURBAKI. Algèbre Commutative. Paris, Hermann.

H.CARTAN et C.CHEVALLEY. Géométrie algébrique. Séminaire ENS, 1956.

H.CARTAN et S.EILENBERG. Homological Algebra. Princeton Math.Ser., n°19, Princeton, 1956.

C.CHEVALLEY. On the theory of local rings. Ann.of Maths., 44, 1943, p.690-708.

" . Intersections of algebraic and algebroid varieties. Trans.Amer.Math.Soc., 57, 1945, p.1-85.

I.COHEN. On the structure and ideal theory of complete local rings. Trans.Amer.Math.Soc., 59, 1946, p.54-106.

P.DUBREIL. La fonction caractéristique de Hilbert. Colloque d'Alg. et Th.des Nombres, p.109-114, CNRS, Paris, 1950.

S.EILENBERG. Homological dimension and syzygies. Ann.of Maths., 64, 1956, p.328-336.

P.GABRIEL. Des catégories abéliennes. Bull.Soc.Math.France, 90, 1962, p.323-448.

F.GAETA. Quelques progrès récents dans la classification des variétés algébriques d'un espace projectif. Deuxième Colloque de Géom.Alg., p.145-183, Liège, 1952.

W.GRÖBNER. Moderne algebraische Geometrie. Springer, 1949.

A.GROTHENDIECK. Sur quelques points d'algèbre homologique. Tôhoku Math.Journ., 9, 1957, p.119-221.

" " . Eléments de géométrie algébrique (rédigés avec la collaboration de J.DIEUDONNÉ), Chap.O,Publ.Math.IHES, n^{os}4, 11, 20.

" " . Séminaire de géométrie algébrique (notes prises par un groupe d'auditeurs). Exposés I à XIII. Paris, IHES, 1962.

J.L.KOSZUL. Sur un type d'algèbres différentielles en rapport avec la transgression. Colloque de Topologie, Bruxelles, 1950, p.73-81.

W.KRULL. Dimensionstheorie in Stellenringen. J.reine ang.Math., 179, 1938, p.204-226.

" . Zur Theorie der kommutativen Integritätsbereiche. J.reine ang. Math., 192, 1954, p.230-252.

C.LECH. Note on multiplicities of ideals. Ark. för Mat., 4, 1959, p.63-86.

" . Inequalities related to certain couples of local rings. Acta Math., 112, 1964, p.69-89.

S.LICHTENBAUM. On the vanishing of Tor in regular local rings. Illinois J.Math., 10, 1966.

F.MACAULAY. Algebraic Theory of Modular Systems. Cambridge Tract n°19, Cambridge, 1916.

M.NAGATA. On the chain problem of prime ideals. Nagoya Math.J., 10, 1956, p.51-64.

" . The theory of multiplicity in general local rings. Symp. Tokyo-Nikko, 1955, p.191-226.

" . Local Rings. Interscience Publ., New-York, 1962.

H-J.NASTOLD. Ueber die Assoziativformel und die Lechsche Formel in der Multiplizitätstheorie. Archiv der Math., 12, 1961, p.105-112.

" . Zur Serreschen Multiplizitätstheorie in der arithmetischen Geometrie. Math.Ann., 143, 1961, p.333-343.

A.NÉRON. Quasi-fonctions et hauteurs sur les variétés abéliennes. Publ.Math.IHES, 1965.

P.SAMUEL. Algèbre locale. Mém.Sci.Math., n°123, Paris, 1953.

" . Commutative algebra (Notes by D.Herzig), Cornell Univ., 1953.

" . La notion de multiplicité en algèbre et en géométrie algébrique. J.math.pures et ap., 30, 1951, p.159-274.

P.SAMUEL. Méthodes d'algèbre abstraite en géométrie algébrique. Ergebn. der Math., H.4, Springer, 1955.

P.SAMUEL et O.ZARISKI. Commutative Algebra. Van Nostrand, New-York, 1958-1960.

G.SCHEJA. Über die Bettizahlen lokaler Ringe. Math.Annalen, 155, 1964, p.155-172.

J-P.SERRE. Faisceaux algébriques cohérents. Ann.of Maths., 61, 1955, p.197-278.

" . Sur la dimension homologique des anneaux et des modules noethériens. Symp. Tokyo-Nikko, 1955, p.175-189.

G.SHIMURA. Reduction of algebraic varieties with respect to a discrete valuation of the basic field. Amer.J.Math., 77, 1955, p.134-176.

J.TATE. Homology of noetherian rings and local rings. Illinois J.Math. 1, 1957, p.14-27.

A.WEIL. Foundations of algebraic geometry, 2nd edition. Amer.Math.Soc. Coll.Publ., n°29, Providence, 1962.

H.YANAGIHARA. Reduction of models over a discrete valuation ring. Journ.Math.Kyoto Univ., 2, 1963, p.123-156.

O.ZARISKI. The concept of a simple point of an abstract algebraic variety. Trans.Amer.Math.Soc., 62, 1947, p.1-52.

" . Sur la normalité analytique des variétés normales. Ann.Inst. Fourier, 2, 1950, p.161-164.

Pour des références plus récentes, voir :

W.FULTON. Intersection Theory. Springer Verlag, 1984.

Vol. 277: Séminaire Banach. Edité par C. Houzel. VII, 229 pages. 1972. DM 20,–

Vol. 278: H. Jacquet, Automorphic Forms on GL(2). Part II. XIII, 142 pages. 1972. DM 16,–

Vol. 279: R. Bott, S. Gitler and I. M. James, Lectures on Algebraic and Differential Topology. V, 174 pages. 1972. DM 18,–

Vol. 280: Conference on the Theory of Ordinary and Partial Differential Equations. Edited by W. N. Everitt and B. D. Sleeman. XV, 367 pages. 1972. DM 26,–

Vol. 281: Coherence in Categories. Edited by S. Mac Lane. VII, 235 pages. 1972. DM 20,–

Vol. 282: W. Klingenberg und P. Flaschel, Riemannsche Hilbertmannigfaltigkeiten. Periodische Geodätische. VII, 211 Seiten. 1972. DM 20,–

Vol. 283: L. Illusie, Complexe Cotangent et Déformations II. VII, 304 pages. 1972. DM 24,–

Vol. 284: P. A. Meyer, Martingales and Stochastic Integrals I. VI, 89 pages. 1972. DM 16,–

Vol. 285: P. de la Harpe, Classical Banach-Lie Algebras and Banach-Lie Groups of Operators in Hilbert Space. III, 160 pages. 1972. DM 16,–

Vol. 286: S. Murakami, On Automorphisms of Siegel Domains. V, 95 pages. 1972. DM 16,–

Vol. 287: Hyperfunctions and Pseudo-Differential Equations. Edited by H. Komatsu. VII, 529 pages. 1973. DM 36,–

Vol. 288: Groupes de Monodromie en Géométrie Algébrique. (SGA 7 I). Dirigé par A. Grothendieck. IX, 523 pages. 1972. DM 50,–

Vol. 289: B. Fuglede, Finely Harmonic Functions. III, 188. 1972. DM 18,–

Vol. 290: D. B. Zagier, Equivariant Pontrjagin Classes and Applications to Orbit Spaces. IX, 130 pages. 1972. DM 16,–

Vol. 291: P. Orlik, Seifert Manifolds. VIII, 155 pages. 1972. DM 16,–

Vol. 292: W. D. Wallis, A. P. Street and J. S. Wallis, Combinatorics: Room Squares, Sum-Free Sets, Hadamard Matrices. V, 508 pages. 1972. DM 50,–

Vol. 293: R. A. DeVore, The Approximation of Continuous Functions by Positive Linear Operators. VIII, 289 pages. 1972. DM 24,–

Vol. 294: Stability of Stochastic Dynamical Systems. Edited by R. F. Curtain. IX, 332 pages. 1972. DM 26,–

Vol. 295: C. Dellacherie, Ensembles Analytiques, Capacités, Mesures de Hausdorff. XII, 123 pages. 1972. DM 16,–

Vol. 296: Probability and Information Theory II. Edited by M. Behara, K. Krickeberg and J. Wolfowitz. V, 223 pages. 1973. DM 20,–

Vol. 297: J. Garnett, Analytic Capacity and Measure. IV, 138 pages. 1972. DM 16,–

Vol. 298: Proceedings of the Second Conference on Compact Transformation Groups. Part 1. XIII, 453 pages. 1972. DM 32,–

Vol. 299: Proceedings of the Second Conference on Compact Transformation Groups. Part 2. XIV, 327 pages. 1972. DM 26,–

Vol. 300: P. Eymard, Moyennes Invariantes et Représentations Unitaires. II. 113 pages. 1972. DM 16,–

Vol. 301: F. Pittnauer, Vorlesungen über asymptotische Reihen. VI, 186 Seiten. 1972. DM 18,–

Vol. 302: M. Demazure, Lectures on p-Divisible Groups. V, 98 pages. 1972. DM 16,–

Vol. 303: Graph Theory and Applications. Edited by Y. Alavi, D. R. Lick and A. T. White. IX, 329 pages. 1972. DM 26,–

Vol. 304: A. K. Bousfield and D. M. Kan, Homotopy Limits, Completions and Localizations. V, 348 pages. 1972. DM 26,–

Vol. 305: Théorie des Topos et Cohomologie Etale des Schémas. Tome 3. (SGA 4). Dirigé par M. Artin, A. Grothendieck et J. L. Verdier. VI, 640 pages. 1973. DM 50,–

Vol. 306: H. Luckhardt, Extensional Gödel Functional Interpretation. VI, 161 pages. 1973. DM 18,–

Vol. 307: J. L. Bretagnolle, S. D. Chatterji et P.-A. Meyer, Ecole d'été de Probabilités: Processus Stochastiques. VI, 198 pages. 1973. DM 20,–

Vol. 308: D. Knutson, λ-Rings and the Representation Theory of the Symmetric Group. IV, 203 pages. 1973. DM 20,–

Vol. 309: D. H. Sattinger, Topics in Stability and Bifurcation Theory. VI, 190 pages. 1973. DM 18,–

Vol. 310: B. Iversen, Generic Local Structure of the Morphisms in Commutative Algebra. IV, 108 pages. 1973. DM 16,–

Vol. 311: Conference on Commutative Algebra. Edited by J. W. Brewer and E. A. Rutter. VII, 251 pages. 1973. DM 22,–

Vol. 312: Symposium on Ordinary Differential Equations. Edited by W. A. Harris, Jr. and Y. Sibuya. VIII, 204 pages. 1973. DM 22,–

Vol. 313: K. Jörgens and J. Weidmann, Spectral Properties of Hamiltonian Operators. III, 140 pages. 1973. DM 16,–

Vol. 314: M. Deuring, Lectures on the Theory of Algebraic Functions of One Variable. VI, 151 pages. 1973. DM 16,–

Vol. 315: K. Bichteler, Integration Theory (with Special Attention to Vector Measures). VI, 357 pages. 1973. DM 26,–

Vol. 316: Symposium on Non-Well-Posed Problems and Logarithmic Convexity. Edited by R. J. Knops. V, 176 pages. 1973. DM 18,–

Vol. 317: Séminaire Bourbaki – vol. 1971/72. Exposés 400–417. IV, 361 pages. 1973. DM 26,–

Vol. 318: Recent Advances in Topological Dynamics. Edited by A. Beck, VIII, 285 pages. 1973. DM 24,–

Vol. 319: Conference on Group Theory. Edited by R. W. Gatterdam and K. W. Weston. V, 188 pages. 1973. DM 18,–

Vol. 320: Modular Functions of One Variable I. Edited by W. Kuyk. V, 195 pages. 1973. DM 18,–

Vol. 321: Séminaire de Probabilités VII. Edité par P. A. Meyer. VI, 322 pages. 1973. DM 26,–

Vol. 322: Nonlinear Problems in the Physical Sciences and Biology. Edited by I. Stakgold, D. D. Joseph and D. H. Sattinger. VIII, 357 pages. 1973. DM 26,–

Vol. 323: J. L. Lions, Perturbations Singulières dans les Problèmes aux Limites et en Contrôle Optimal. XII, 645 pages. 1973. DM 42,–

Vol. 324: K. Kreith, Oscillation Theory. VI, 109 pages. 1973. DM 16,–

Vol. 325: Ch.-Ch. Chou, La Transformation de Fourier Complexe et L'Equation de Convolution. IX, 137 pages. 1973. DM 16,–

Vol. 326: A. Robert, Elliptic Curves. VIII, 264 pages. 1973. DM 22,–

Vol. 327: E. Matlis, 1-Dimensional Cohen-Macaulay Rings. XII, 157 pages. 1973. DM 18,–

Vol. 328: J. R. Büchi and D. Siefkes, The Monadic Second Order Theory of All Countable Ordinals. VI, 217 pages. 1973. DM 20,–

Vol. 329: W. Trebels, Multipliers for (C, α)-Bounded Fourier Expansions in Banach Spaces and Approximation Theory. VII, 103 pages. 1973. DM 16,–

Vol. 330: Proceedings of the Second Japan-USSR Symposium on Probability Theory. Edited by G. Maruyama and Yu. V. Prokhorov. VI, 550 pages. 1973. DM 36,–

Vol. 331: Summer School on Topological Vector Spaces. Edited by L. Waelbroeck. VI, 226 pages. 1973. DM 20,–

Vol. 332: Séminaire Pierre Lelong (Analyse) Année 1971-1972. V, 131 pages. 1973. DM 16,–

Vol. 333: Numerische, insbesondere approximationstheoretische Behandlung von Funktionalgleichungen. Herausgegeben von R. Ansorge und W. Törnig. VI, 296 Seiten. 1973. DM 24,–

Vol. 334: F. Schweiger, The Metrical Theory of Jacobi-Perron Algorithm. V, 111 pages. 1973. DM 16,–

Vol. 335: H. Huck, R. Roitzsch, U. Simon, W. Vortisch, R. Walden, B. Wegner und W. Wendland, Beweismethoden der Differentialgeometrie im Großen. IX, 159 Seiten. 1973. DM 18,–

Vol. 336: L'Analyse Harmonique dans le Domaine Complexe. Edité par E. J. Akutowicz. VIII, 169 pages. 1973. DM 18,–

Vol. 337: Cambridge Summer School in Mathematical Logic. Edited by A. R. D. Mathias and H. Rogers. IX, 660 pages. 1973. DM 42,–

Vol: 338: J. Lindenstrauss and L. Tzafriri, Classical Banach Spaces. IX, 243 pages. 1973. DM 22,–

Vol. 339: G. Kempf, F. Knudsen, D. Mumford and B. Saint-Donat, Toroidal Embeddings I. VIII, 209 pages. 1973. DM 20,–

Vol. 340: Groupes de Monodromie en Géométrie Algébrique. (SGA 7 II). Par P. Deligne et N. Katz. X, 438 pages. 1973. DM 40,–

Vol. 341: Algebraic K-Theory I, Higher K-Theories. Edited by H. Bass. XV, 335 pages. 1973. DM 26,–

Vol. 342: Algebraic K-Theory II, "Classical" Algebraic K-Theory, and Connections with Arithmetic. Edited by H. Bass. XV, 527 pages. 1973. DM 36,-

Vol. 343: Algebraic K-Theory III, Hermitian K-Theory and Geometric Applications. Edited by H. Bass. XV, 572 pages. 1973. DM 38,-

Vol. 344: A. S. Troelstra (Editor), Metamathematical Investigation of Intuitionistic Arithmetic and Analysis. XVII, 485 pages. 1973. DM 34,-

Vol. 345: Proceedings of a Conference on Operator Theory. Edited by P. A. Fillmore. VI, 228 pages. 1973. DM 20,-

Vol. 346: Fučík et al., Spectral Analysis of Nonlinear Operators. II, 287 pages. 1973. DM 26,-

Vol. 347: J. M. Boardman and R. M. Vogt, Homotopy Invariant Algebraic Structures on Topological Spaces. X, 257 pages. 1973. DM 22,-

Vol. 348: A. M. Mathai and R. K. Saxena, Generalized Hypergeometric Functions with Applications in Statistics and Physical Sciences. VII, 314 pages. 1973. DM 26,-

Vol. 349: Modular Functions of One Variable II. Edited by W. Kuyk and P. Deligne. V, 598 pages. 1973. DM 38,-

Vol. 350: Modular Functions of One Variable III. Edited by W. Kuyk and J.-P. Serre. V, 350 pages. 1973. DM 26,-

Vol. 351: H. Tachikawa, Quasi-Frobenius Rings and Generalizations. XI, 172 pages. 1973. DM 18,-

Vol. 352: J. D. Fay, Theta Functions on Riemann Surfaces. V, 137 pages. 1973. DM 16,-

Vol. 353: Proceedings of the Conference. on Orders, Group Rings and Related Topics. Organized by J. S. Hsia, M. L. Madan and T. G. Ralley. X, 224 pages. 1973. DM 20,-

Vol. 354: K. J. Devlin, Aspects of Constructibility. XII, 240 pages. 1973. DM 22,-

Vol. 355: M. Sion, A Theory of Semigroup Valued Measures. V, 140 pages. 1973. DM 16,-

Vol. 356: W. L. J. van der Kallen, Infinitesimally Central-Extensions of Chevalley Groups. VII, 147 pages. 1973. DM 16,-

Vol. 357: W. Borho, P. Gabriel und R. Rentschler, Primideale in Einhüllenden auflösbarer Lie-Algebren. V, 182 Seiten. 1973. DM 18,-

Vol. 358: F. L. Williams, Tensor Products of Principal Series Representations. VI, 132 pages. 1973. DM 16,-

Vol. 359: U. Stammbach, Homology in Group Theory. VIII, 183 pages. 1973. DM 18,-

Vol. 360: W. J. Padgett and R. L. Taylor, Laws of Large Numbers for Normed Linear Spaces and Certain Fréchet Spaces. VI, 111 pages. 1973. DM 16,-

Vol. 361: J. W. Schutz, Foundations of Special Relativity: Kinematic Axioms for Minkowski Space Time. XX, 314 pages. 1973. DM 26,-

Vol. 362: Proceedings of the Conference on Numerical Solution of Ordinary Differential Equations. Edited by D. Bettis. VIII, 490 pages. 1974. DM 34,-

Vol. 363: Conference on the Numerical Solution of Differential Equations. Edited by G. A. Watson. IX, 221 pages. 1974. DM 20,-

Vol. 364: Proceedings on Infinite Dimensional Holomorphy. Edited by T. L. Hayden and T. J. Suffridge. VII, 212 pages. 1974. DM 20,-

Vol. 365: R. P. Gilbert, Constructive Methods for Elliptic Equations. VII, 397 pages. 1974. DM 26,-

Vol. 366: R. Steinberg, Conjugacy Classes in Algebraic Groups (Notes by V. V. Deodhar). VI, 159 pages. 1974. DM 18,-

Vol. 367: K. Langmann und W. Lütkebohmert, Cousinverteilungen und Fortsetzungssätze. VI, 151 Seiten. 1974. DM 16,-

Vol. 368: R. J. Milgram, Unstable Homotopy from the Stable Point of View. V, 109 pages. 1974. DM 16,-

Vol. 369: Victoria Symposium on Nonstandard Analysis. Edited by A. Hurd and P. Loeb. XVIII, 339 pages. 1974. DM 26,-

Vol. 370: B. Mazur and W. Messing, Universal Extensions and One Dimensional Crystalline Cohomology. VII, 134 pages. 1974. DM 16,-

Vol. 371: V. Poenaru, Analyse Différentielle. V, 228 pages. 1974. DM 20,-

Vol. 372: Proceedings of the Second International Conference on the Theory of Groups 1973. Edited by M. F. Newman. VII, 740 pages. 1974. DM 48,-

Vol. 373: A. E. R. Woodcock and T. Poston, A Geometrical Study of the Elementary Catastrophes. V, 257 pages. 1974. DM 22,-

Vol. 374: S. Yamamuro, Differential Calculus in Topological Linear Spaces. IV, 179 pages. 1974. DM 18,-

Vol. 375: Topology Conference 1973. Edited by R. F. Dickman Jr. and P. Fletcher. X, 283 pages. 1974. DM 24,-

Vol. 376: D. B. Osteyee and I. J. Good, Information, Weight of Evidence, the Singularity between Probability Measures and Signal Detection. XI, 156 pages. 1974. DM 16,-

Vol. 377: A. M. Fink, Almost Periodic Differential Equations. VIII, 336 pages. 1974. DM 26,-

Vol. 378: TOPO 72 - General Topology and its Applications. Proceedings 1972. Edited by R. Alò, R. W. Heath and J. Nagata. XIV, 651 pages. 1974. DM 50,-

Vol. 379: A. Badrikian et S. Chevet, Mesures Cylindriques, Espaces de Wiener et Fonctions Aléatoires Gaussiennes. X, 383 pages. 1974. DM 32,-

Vol. 380: M. Petrich, Rings- and Semigroups. VIII, 182 pages. 1974. DM 18,-

Vol. 381: Séminaire de Probabilités VIII. Edité par P. A. Meyer. IX, 354 pages. 1974. DM 32,-

Vol. 382: J. H. van Lint, Combinatorial Theory Seminar Eindhoven University of Technology. VI, 131 pages. 1974. DM 18,-

Vol. 383: Séminaire Bourbaki - vol. 1972/73. Exposés 418-435. IV, 334 pages. 1974. DM 30,-

Vol. 384: Functional Analysis and Applications, Proceedings 1972. Edited by L. Nachbin. V, 270 pages. 1974. DM 22,-

Vol. 385: J. Douglas Jr. and T. Dupont, Collocation Methods for Parabolic Equations in a Single Space Variable (Based on C^1-Piecewise-Polynomial Spaces). V, 147 pages. 1974. DM 16,-

Vol. 386: J. Tits, Buildings of Spherical Type and Finite BN-Pairs. IX, 299 pages. 1974. DM 24,-

Vol. 387: C. P. Bruter, Eléments de la Théorie des Matroïdes. V, 138 pages. 1974. DM 18,-

Vol. 388: R. L. Lipsman, Group Representations. X, 166 pages. 1974. DM 20,-

Vol. 389: M.-A. Knus et M. Ojanguren, Théorie de la Descente et Algèbres d' Azumaya. IV, 163 pages. 1974. DM 20,-

Vol. 390: P. A. Meyer, P. Priouret et F. Spitzer, Ecole d'Eté de Probabilités de Saint-Flour III - 1973. Edité par A. Badrikian et P.-L. Hennequin. VIII, 189 pages. 1974. DM 20,-

Vol. 391: J. Gray, Formal Category Theory: Adjointness for 2-Categories. XII, 282 pages. 1974. DM 24,-

Vol. 392: Géométrie Différentielle, Colloque, Santiago de Compostela, Espagne 1972. Edité par E. Vidal. VI, 225 pages. 1974. DM 20,-

Vol. 393: G. Wassermann, Stability of Unfoldings. IX, 164 pages. 1974. DM 20,-

Vol. 394: W. M. Patterson 3rd, Iterative Methods for the Solution of a Linear Operator Equation in Hilbert Space - A Survey. III, 183 pages. 1974. DM 20,-

Vol. 395: Numerische Behandlung nichtlinearer Integrodifferential- und Differentialgleichungen. Tagung 1973. Herausgegeben von R. Ansorge und W. Törnig. VII, 313 Seiten. 1974. DM 28,-

Vol. 396: K. H. Hofmann, M. Mislove and A. Stralka, The Pontryagin Duality of Compact O-Dimensional Semilattices and its Applications. XVI, 122 pages. 1974. DM 18,-

Vol. 397: T. Yamada, The Schur Subgroup of the Brauer Group. V, 159 pages. 1974. DM 18,-

Vol. 398: Théories de l'Information, Actes des Rencontres de Marseille-Luminy, 1973. Edité par J. Kampe de Fériet et C. Picard. XII, 201 pages. 1974. DM 23,-